U0295881

气象信息显示及融合技术实践

主编　马　林　昝兴海

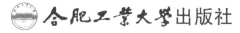
合肥工业大学出版社

内容提要

本书结合编者多年从事气象专业教学科研实践以及软件开发经验,对弹道气象探测的气温、气压、相对湿度和风等气象信息的显示和融合技术进行探索和归纳。全书共分为五章,介绍了各种弹道气象信息的概念、表示方法和变化规律;Python这种高效率数学计算工具的安装和环境配置方法、基本语法;弹道气象信息获取的方法和途径;典型气象信息显示方法和 Python 编程实践;弹道气象信息融合的方法和编程实践案例。

本书可以作为本科院校大气观探测专业的教学实习参考书,也可供从事大气观探测专业的技术人员和研究人员参考。

图书在版编目(CIP)数据

气象信息显示及融合技术实践/马林,昝兴海主编 . —合肥:合肥工业大学出版社,2023.7

ISBN 978 - 7 - 5650 - 6383 - 1

Ⅰ.①气⋯ Ⅱ.①马⋯ ②昝⋯ Ⅲ.①气象—信息处理 Ⅳ.①P4

中国国家版本馆 CIP 数据核字(2023)第 129153 号

气象信息显示及融合技术实践
QIXIANG XINXI XIANSHI JI RONGHE JISHU SHIJIAN

主编　马　林　昝兴海　　　　　　　　责任编辑　张择瑞

出　版	合肥工业大学出版社	版　次	2023 年 7 月第 1 版
地　址	合肥市屯溪路 193 号	印　次	2023 年 7 月第 1 次印刷
邮　编	230009	开　本	710 毫米×1010 毫米　1/16
电　话	理工图书出版中心:0551-62903204	印　张	8.5
	营销与储运管理中心:0551-62903198	字　数	167 千字
网　址	press. hfut. edu. cn	印　刷	安徽联众印刷有限公司
E-mail	hfutpress@163.com	发　行	全国新华书店

ISBN 978 - 7 - 5650 - 6383 - 1　　　　　　　　　　定价:30.00 元

编 委 会

主　编　马　林　昝兴海

副主编　孙宝京　高海峰　慕臣英

编　委　张本成　刘　安　张　琦　魏　磊

　　　　周　骕　郭　伟　梁　丰　乔林峰

前　　言

　　气象条件是最具可变性的战场因素之一,对火箭、导弹、火炮等武器的射击精度影响较大。外弹道气象学就是研究气象条件对弹箭飞行的影响,以及如何计算和修正这种影响的科学。随着科技的发展,弹道气象信息的获取手段已经从空盒气压表、阿斯曼通风干湿表、风向风速仪、机械式无线电探空仪,发展到全自动地面气象观测仪、无线电经纬仪、风廓线雷达等探测手段和数值预报等非现地保障手段。随着气象领域军民融合的加深,军地气象信息汇交复用,使得弹道气象保障获取的信息量陡增。

　　面对多源、海量的气象数据,气象数据的图形化显示对揭示数据所蕴含的信息和规律具有重要的作用,也是科学研究和业务成果最终呈现的具体形式,具有十分重要的作用。弹道气象信息获取时,由于种种原因,可能存在各种缺测。为了提高精度,需要根据一定的统计规律,采用统计或者分析方法,尽可能对缺测数据(或序列)进行插补(延长)。其次,站点气象观测是不连续的,组网探测的测站密度不可能无限制地增加,大气变量场空间上也需要进行网格化处理等,气象空间场空白地区的气象数据需要进行插值。各种类型和不同时刻的数据集,还需要对它们进行数据融合、同化及再分析。因此,研究弹道气象信息的显示及融合技术对提高弹道气象保障精度具有重要作用。

　　本书结合编者多年从事气象专业教学科研实践以及软件开发经验,首先介绍了气温、气压、相对湿度和风等弹道气象信息的概念、表示方法和变化规律;然后介绍了 Python 这种高效率数学计算工具的安装方法、计算机环境配置方法和基本语法,说明了弹道气象信息获取的方法和途径;最后介绍了典型气象信息显示方法、弹道气象信息融合方法,并给出编程实践案例。

　　本书共分五章,由马林、昝兴海主编。其中,第一章由慕臣英、梁丰执笔,第二章由刘安、郭伟、周骕执笔,第三章由马林、魏磊执笔,第四章由孙宝京、高海峰、张琦执笔,第五章由马林、昝兴海、张本成执笔。马林负责该书的统稿工作。

　　本书在研究和编撰过程中,参考了部分国内外相关文献资料,有的未在正文中一一标注,谨在书后参考文献中列出,并以致谢! 由于水平有限,书中还存在许多不足,敬请广大同仁批评指正。

编写组

二〇二二年六月七日

目　　录

第一章 概　述

弹道气象信息也称为弹道气象要素,其对炮兵、防空兵作战的影响最主要和直接的体现是会对火炮射击精度造成一定的影响。弹道气象信息对火炮射弹飞行和命中精度的影响,是通过改变作用在射弹上的空气动力和空气动力矩实现的。主要影响因素是气温、气压、湿度、空气密度、风、垂直气流和大气湍流运动等。

第一节　大气概述

地球的表面被一层厚厚的大气所包裹,日常中所看见的云、雾、雨、雪等天气,都发生在这层大气中。大气层里的一丝扰动,就会导致近地面天气的剧烈变化,气温、气压、空气湿度等各种气象要素都和大气本身的性质有着密切的关系。因此,要对气象信息进行显示和融合处理等操作,首先应要了解大气的组成、结构和基本性质。

一、大气组成

大气由多种气体和杂质微粒混合而成,主要可划分为三部分:干洁空气、水汽和大气气溶胶。

(一)干洁空气

大气中,除了水汽和液体、固体杂质外的整个混合气体,称为干洁空气,简称干空气。25 km 高度以下干洁空气的成分见表 1－1。在 80～90 km 以下,干空气成分(除臭氧和一些污染气体外)的比例基本不变,可视为单一成分,其平均分子量为28.966。组成干洁空气的所有成分在大气中均呈气体状态,不会发生相变。

表 1－1　干洁空气的成分

气　体	空气中的含量(%)		分子量	临界温度 (℃)	气压 (大气压)
	按容量	按质量			
氮	78.09	75.52	28.016	−147.2	33.5
氧	20.95	23.15	32.000	−118.9	49.7

（续表）

气 体	空气中的含量(%)		分子量	临界温度 （℃）	气压 （大气压）
	按容量	按质量			
氩	0.93	1.28	39.944	−122.0	48.0
二氧化碳	0.03	0.05	44.010	31.0	73.0
臭氧	$1×10^{-6}$	—	48.000	−5.0	92.3
干空气	100	100	28.966	−140.7	37.2

　　大气组成的所有成分可按浓度分为三类：一是主要成分，其浓度在1％以上，它们是氮（N_2）、氧（O_2）和氩（Ar）；二是微量成分，其浓度在1 ppm～1％之间，包括二氧化碳（CO_2）、甲烷（CH_4）、氦（He）、氖（Ne）、氪（Kr）等干空气成分以及水汽；三是痕量成分，其浓度在1 ppm以下，主要有氢（H_2）、臭氧（O_3）、氙（Xe）、一氧化二氮（N_2O）、一氧化氮（NO）、二氧化氮（NO_2）、氨气（NH_3）、二氧化硫（SO_2）、一氧化碳（CO）等。此外，还有一些人为产生的污染气体，它们的浓度多为ppt量级。

　　氮和氧占据了干洁空气总容积的99％，氮是构成生命体的基本要素，氧是维持生命活动所必需的物质，这也是地球上能产生生命体的必要条件。大气中氧的成分比例是21％，如果氧气减少，人类和动植物就无法正常活动。但是如果大气中的氧气成分超过21％，那么带来的隐患也是巨大的。处于高浓度氧气环境，吸入氧气过量，人和动物就容易中毒，直接攻击肺部和大脑，造成严重危害。

　　二氧化碳、臭氧在大气中的含量非常少，二氧化碳容积仅占干洁空气的0.03％，臭氧还不到万分之一。尽管所占分量相对小，但是它们的在大气中的作用不容忽视。

　　二氧化碳主要是在有机物的燃烧或腐化和生物呼吸过程中产生的。在城市工业集中地区，二氧化碳含量较多；在乡村地区，二氧化碳含量大为减少。由于空气的垂直运动和乱流混合作用，二氧化碳的含量比例在20 km以下变化不大，再向上即显著减少。二氧化碳能强烈地吸收太阳放射的短波辐射能，并向地面放出长波辐射能，保持地球表面和大气圈恒定的温度，通常将这一效应称为温室效应，能产生温室效应的气体，称为温室气体，二氧化碳是主要的温室气体之一。

　　大气中臭氧含量很少，按容积计算，还不到万分之一。臭氧含量随高度的变化而改变。在低层臭氧含量极少，而且很不固定，从5 km高度起，含量随高度的升高而增大，在20～25 km高度处达最大值，再往上又逐渐减少，到55～60 km高度上就极少了。臭氧对太阳紫外辐射的吸收极为强烈。正是由于这种作用，使40～50 km高度气层的温度大为增高，同时还保护了地面上生物免受过多紫外线的伤害，而少量透过来的紫外线，可以起到杀菌治病的作用。

(二)水汽

水汽是大气中唯一能发生相变的成分,也是含量最容易发生变化的成分之一。它随着时间、地点和气象条件的不同,含量可以有很大的变化。按容积计算,其变化范围在 $0\sim4\%$ 之间。

大气中的水汽来自地面,并借助于空气垂直运动向上输送。一般来说,空气中的水汽含量随高度增加而减少。观测资料表明:在 $1.5\sim2$ km 高度上,空气中的水汽含量已减少为地面的一半,在 5 km 的高度上,减少为地面的十分之一,再往上水汽含量就更少了。当然,在某些情况下,个别气层中出现水汽含量随高度升高而增大的情形也是有的。

大气中的水汽含量虽然不多,但它在天气变化中扮演了一个非常重要的角色。水汽的相变引起云、雾、雨、雪等一系列天气现象,它能够强烈地吸收和放出长波辐射能,在相变过程中也能放出或吸收热量。这些都影响到地面和空气的温度分布及变化。

(三)大气气溶胶

大气气溶胶包括固体杂质和液体微粒。固体杂质是指烟粒、尘埃、盐粒等,它们多集中于大气底层,含量随时间、地区和天气条件而变化。一般来说,在近地面大气中,陆上多于海上,城市多于乡村,冬季多于夏季。空气的垂直运动和乱流运动对固体杂质垂直分布有很大影响。当空气的垂直运动和乱流运动较强时,杂质微粒可散布到高空;反之,多集中在下层。空气的水平运动对固体杂质微粒的水平分布有很大影响,它可将某一地区的杂质微粒输送到另一地区。

固体杂质微粒在大气中的存在,会使大气能见度变坏,但它能充当水汽凝结的核心,对于云、雨的形成起重要作用。固体杂质微粒还能吸收一部分太阳辐射和阻挡地面放热,对地面和空气的温度有一定的影响。

液体微粒是指悬浮于大气中的水滴、过冷水滴和冰晶等水汽凝结物,它们常聚集在一起,以云、雾等形式出现,使能见度变坏,还能减弱太阳辐射和地面辐射,影响地面空气的温度。

二、大气垂直分层

大气在垂直方向上,物理性质是有显著差异的。根据不同的特点,可以将大气划分为不同层次。以气温垂直分布的特点为主要依据,同时考虑大气运动的情况,可以把大气分为对流层、平流层、中间层、热层和散逸层五个层次,大气结构示意如图 1-1 所示。

(一)对流层

对流层是大气中最底层,它的下界是地面。根据探测资料表明:对流层的厚度

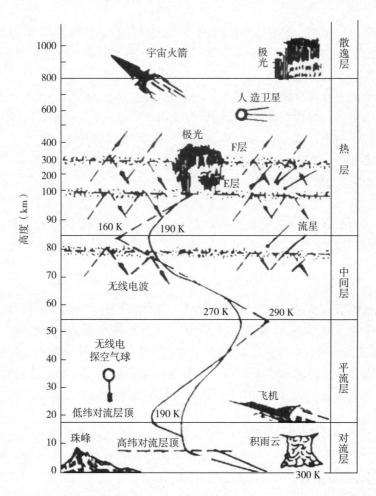

图 1-1 大气结构示意图

在低纬度地区平均为 17～18 km；在中纬度地区平均为 10～12 km；在高纬度地区平均为 8～9 km。对流层的厚度还不及整个大气厚度的 1％，但是，由于地球引力的作用，这一层却集中了整个大气四分之三的质量和几乎全部的水汽，是天气变化最为复杂的层次。云、雾、雨、雪等物理现象都出现在这一层中。因此，对流层对军事行动、人类活动影响最大，是气象学研究的重点层次。对流层有以下三个特征。

1. 气温随高度增高而降低

对流层中气温随高度升高而降低的数值，在不同地区、不同季节、不同高度是不一致的。这是受地面热源影响的结果。平均而言，高度每上升 100 m，气温下降约 0.65 ℃。

2. 空气垂直混合运动强烈

在对流层中这种垂直混合主要表现为空气的对流运动和乱流运动。由于空气的对流运动和乱流运动,高层和低层的空气将进行交换混合,使近地面的热量、水汽、杂质等易于向上输送,这对于成云致雨有重要作用。

3. 温度、湿度水平分布不均匀

北方比南方冷,海上比陆地潮湿,这种温度、湿度的水平分布不均匀现象,在对流层中表现得最为显著。这是因为地表性质差异很大,而对流层受地表影响最大的缘故。在寒带大陆上的空气,因缺少水源和受热较少,空气就显得干燥、寒冷;在热带海洋上水汽充分,受热较多,空气就比较潮湿、温暖。

对流层按气流和天气现象分布的特点,又可分为下层、中层、上层三个层次。

(1)下层(又叫摩擦层),范围由地面到 2 km 高度。但随季节和昼夜的不同,下层的范围也有一些变动。一般是夏季高于冬季,白天高于夜里。这一层由于气流受地面摩擦作用很大,通常随着高度的增高,风速增大,风向右转。气温受地面热力作用影响很大,因而有明显的日变化。由于本层的水汽、尘埃含量较多,空气的对流运动和乱流运动较强,因而低云和雾出现频繁。加上风向、风速频繁变化,所以对火炮弹丸飞行有明显的影响。

(2)中层,其底界即摩擦层顶,上界高度约为 6 km。这一层受地面的影响要比摩擦层小得多,气流状况基本上可表征整个对流层空气运动的趋势。大气中的云和降水大都发生在这一层内。

(3)上层,范围从 6 km 高度伸展到对流层顶部。这一层气温常年都在 0 ℃ 以下,水汽含量较少,各种云都由冰晶和过冷水滴组成。在中纬度和热带地区,这一层中常出现风速大于 30 m/s 的强风带,即所谓的急流。

此外,在对流层和平流层之间还有一个厚度为数百米到 2 km 左右的过渡层,称为对流层顶。对流层顶的气温分布特征是随着高度的升高气温变化很少,平均而言,它的气温在低纬度地区约为 −83 ℃,在高纬度地区约为 −53 ℃。对流层顶对垂直气流有很强的阻挡作用。因此,往往使浓厚的积雨云顶部,被迫平展成砧状,阻挡了下层水汽、杂质向上扩散,使下边输送上来的水汽、大气气溶胶等聚集在对流层顶下方,形成云层,能见度大大降低。

(二)平流层

自对流层顶到 55 km 左右为平流层。平流层的主要特征如下。

(1)平流层的下半部温度随高度的升高变化很少或者不变;上半部温度随高度的升高而显著增高,到平流层顶可达 0 ℃ 左右,这是臭氧强烈吸收太阳紫外辐射的结果。

(2)空气垂直混合显著减弱。上半部几乎没有垂直气流,整层气流比较平稳。

(3)水汽和尘埃等很少。很少有云出现,大气透明度较好。

平流层中的气压和密度随高度的变化要比对流层缓慢些。在中纬度地区,夏季平流层下部仍是盛行西风,风速随高度的升高而减小,到22～25 km以上,逐渐转为盛行东风,风速随高度的升高而增大;冬季的情况比较复杂,暂不讨论。

(三)中间层

自平流层顶到85 km左右为中间层。由于中间层中几乎没有臭氧,主要是氮原子和氧原子,而氮和氧等气体所能吸收的太阳辐射又被上层大气吸收掉了,所以,该层的温度随高度的升高而迅速降低,有相当强烈的垂直混合作用。在这一层的顶部气温可降到 -83 ℃。

中间层这种下暖上凉的气温垂直分布,使中间层有相当强烈的对流运动,所以又称"高空对流层"。中间层水汽含量很少,几乎没有云层出现,有时候在74～92 km高空会形成很薄的云层,称为夜光云,只有太阳位置在地平线以下6°～16°才能看见。

(四)热层

自中间层顶部到800 km左右为热层。该层有两个特点:一是温度随高度的升高而迅速增高,根据人造卫星的观测,在300 km高度上,可达1000 ℃以上;二是该层空气由于受强烈太阳紫外辐射和宇宙射线的作用,空气处于高度电离状态,所以该层又叫电离层。它能反射无线电波,有助于短波无线电通信。太阳发出的高速带电粒子进入该层,使该层的空气分子或原子激发后发光,产生绚丽的极光。

(五)散逸层

在800 km高度以上的大气层,统称为散逸层。它是大气的最高层。据研究,这一层的气温也是随高度的增高而升高。由于该层温度很高,远离地面,受地心引力作用很小,空气极其稀薄,因而大气质点能不断地向星际空间散逸。

散逸层的上界就是所谓的大气上界。大气上界到底有多高,并不存在一个明显的界限。因此,只有用其他的物理征象定出大气上界的大致高度。一种是把极光出现的最大高度定为大气上界。极光,是稀薄气体受到太阳微粒辐射的作用而产生的发光现象。它出现的最大高度为1200 km,比其他任何物理现象出现的高度都大。它的出现表明,在1200 km这样的高度上还有密度足够大的气体存在,故大气上界的高度至少应在1200 km。另一种是把地球大气密度与星际气体密度接近的高度定为大气上界,这个高度为2000～3000 km。

三、大气基本性质

空气具有流动性、黏滞性和可压缩性。空气的状态常用它的质量、体积、压强和温度四个量来表示。对于一定质量的空气来说,它的体积、压强、温度三者之间有着密切关系,其中一个量变化了,其他量也要发生变化,这就说明空气的状态发生了变化。如果这三个量都不变,就说明空气处于一定状态中。首先讨论定量空气的体积、压强和温度这三个量中有一个量不变时的情形,然后再讨论这三个量同时变化的情形,这样可以了解空气状态变化的基本规律。

(一)空气的等温变化

当温度保持不变时,定量空气的压强随着它的体积而变化,这种变化叫做等温变化。实验证明,当温度不变时,一定质量空气的体积与它的压强成反比。

$$\frac{V_1}{V_2} = \frac{P_2}{P_1} \qquad (1-1)$$

(二)空气的等容变化

当体积不变时,定量空气的压强随着它的温度而变化,这种变化叫做等容变化。实验证明,当体积不变时,定量空气的压强跟它的绝对温度成正比。

$$\frac{P_1}{P_2} = \frac{T_1}{T_2} \qquad (1-2)$$

(三)空气的等压变化

当压强不变时,定量空气的体积随着它的温度而变化,这种变化叫做等压变化。实验证明,当压强不变时,定量空气的体积跟它的绝对温度成正比。

$$\frac{V_1}{V_2} = \frac{T_1}{T_2} \qquad (1-3)$$

(四)空气状态方程

以上分别讨论了定量空气在等温、等容、等压情况下另两个量的变化关系。实际上,对于定量空气的体积、压强和温度这三个量来说,它们往往是同时发生变化的。如:一小块空气由地面上升时,它的压强减小,体积增大,温度降低是同时发生的。因此,了解这三个量同时变化时它们之间的关系是很重要的。表示这三个量同时变化时的关系称为空气状态方程。

1. 一般气体状态方程

一般气体状态方程可表示为:

$$P = \rho R_{比} T \qquad (1-4)$$

其中:P 为气压;

    T 为空气的绝对温度;

    ρ 为空气的密度;

    $R_{比}$ 为单位质量气体的气体常数,即比气体常数。

2. 干空气状态方程

干空气状态方程可表示为：

$$P = \rho R_干 T \tag{1-5}$$

其中：$R_干$ 为干空气的比气体常数。

3. 湿空气状态方程

在实际大气中，总是会有水汽的，含有水汽的空气称为湿空气。由于水汽在大气中的含量经常在变化，湿空气的比气体常数不是一个定值，随着空气中水汽含量的多少而变化。经过推导，湿空气状态方程可表示为：

$$P = \rho R_干 \left(1 + 0.378\,\frac{e}{P}\right) T \tag{1-6}$$

其中：e 为空气的水汽压。

第二节 大气温度

大气的温度简称气温，气温是重要的战场气象要素之一。气温随时间和空间的变化，对武器装备、物资保障、人员战术都有着极大的影响。

一、气温的概念和表示方法

（一）气温的概念

表示空气冷热程度的物理量称为空气温度，简称气温。从分子运动论的角度来看，气温的高低反映了空气分子不规则运动平均动能的大小。气温越高，空气分子的不规则运动就越剧烈，空气分子运动的平均动能就越大；反之，气温越低，空气分子运动的平均动能就越小。

（二）气温的表示方法

为了定量地表示物体的冷热程度，必须引进衡量物体温度高低的尺子。这把尺子就是温标。在气象上，通常采用三种温标表示温度的大小。

1. 摄氏温标

用摄氏温标表示的温度称为摄氏温度，气象上通常用这种温标表示温度的大小，是气象保障及日常生活中最常用的一种气温表示法。用符号 t 表示，单位为摄氏度，国际代号为 ℃。它将标准大气压下，冰水混合物的温度规定为 0 ℃，把水的沸点规定为 100 ℃，中间划分 100 等份，每一份为 1 ℃。

2. 热力学温标

在国际单位制中，以热力学温标（绝对温标）作为基本温标。热力学温标表示的温度称为热力学温度或绝对温度,用符号 T 表示,单位为开尔文,中文代号为开,国际代号为 K。这种温标中每个单位的间隔和摄氏温标相同,但是它的零度称为绝对零度,0 K,等于摄氏温标的 -273.15 ℃。而冰水混合物的 0 ℃,对于热力学温标来说是 273.15 K。

热力学温度与摄氏温度之间的关系为:

$$T=273+t \tag{1-7}$$

式中: T——绝对温度(K);

  t——摄氏温度(℃)。

3. 华氏温标

用华氏温标表示的温度称为华氏温度,在欧美一些国家常用华氏温标表示温度的大小,用符号 τ 表示,单位为华氏度,代号为℉。华氏温标是将水的沸点定为 212 ℉,冰的融点定为 32 ℉,并将两点之间分成 180 等分,每一等分代表 1 ℉。华氏温标与摄氏温标的关系为:

$$\tau=\frac{9}{5}t+32 \tag{1-8}$$

式中: τ——华氏温度(℉);

  t——摄氏温度(℃)。

二、太阳、地面和大气的辐射

太阳是整个太阳系的中心,也是整个太阳系的热量来源。虽然,地球所接受到的太阳能量,仅为太阳向宇宙空间放射的总能量的 22 亿分之一,但却是地球上光和热量的主要来源。太阳以辐射的方式不断地把巨大的能量传送到地球上来,哺育着万物的生长。太阳辐射能是地球的最主要的能量来源。与此同时,大气和地面接收热量后也会向外辐射能量,称为大气辐射和地面辐射,三者之间相互影响。所以,在分析大气的受热过程时,不仅要讨论太阳辐射,而且还要讨论地面辐射和大气辐射,才能系统地分析出大气热量收支平衡的问题。

(一)太阳辐射

地球是被一层厚厚的大气所包裹,太阳辐射要穿过大气层,才能抵达地球表面,大气对太阳辐射有一定的吸收、散射和反射作用,正是由于这些作用,使得投射到大气上界的辐射,不能完全到达地表面,可以说,大气对太阳辐射有一定的削弱作用。

1. 太阳辐射在大气中的减弱

(1)大气对太阳辐射的吸收

大气中的氧、臭氧、水汽、二氧化碳,对太阳辐射具有选择性吸收的作用。在平流层以上主要是氧和臭氧对紫外辐射进行吸收,臭氧含量很少但是却能大量吸收紫外线,从而保护了地球上一切生物,免受紫外线过度辐射危害。对流层到地面主要是水汽对红外辐射的吸收,相对而言,二氧化碳对红外辐射吸收比较弱,影响较小。

此外,悬浮在大气中的水滴、尘埃等杂质,对太阳辐射也有一定吸收作用,但是这种吸收是没有选择性的。只有当大气中尘埃杂质这些物质含量很高的时候,对太阳辐射吸收才会比较显著,如在工业区污染、森林火灾、火山爆发、沙尘暴等,到达地面的太阳辐射都会明显地减弱。被大气成分吸收的这部分太阳辐射,将转化为内能不再到达地面。

据估计,如果把射入大气的太阳辐射作为100%,则被大气和云吸收的仅占19%,对于对流层的大气来说,太阳辐射不是主要的直接热源。

(2)大气对太阳辐射的散射

太阳辐射穿过大气遇到空气分子、尘埃、云雾滴等质点时,都要发生散射。散射不像吸收那样把辐射能转变为内能,而只是改变辐射的方向,使一部分太阳辐射向四面八方传播,因而经过散射以后,一部分太阳辐射不能到达地面。比方说在阴天的时候,虽然见不到太阳,但感觉天空光线灰蒙蒙,光线很暗,就是大气散射作用,此外,日出之前天就亮了,树荫下、房间里太阳不能直接照射的地方依然明亮,也都是大气散射作用的结果。

(3)云层对太阳辐射的反射

云层对太阳辐射的减弱也很明显。它除了大量吸收和散射太阳辐射外,还能强烈地反射太阳辐射。云层表面的反射率为40%～80%。云层越厚,反射率越大。

上述提到的大气对太阳辐射的削减三种方式中,以反射作用最为显著,散射作用次之,吸收作用相对最小。

2. 到达地面的太阳辐射

到达地面的太阳辐射有两部分:一部分是从太阳直接投射到地面上的辐射,称为直接辐射;另一部分是以散射的形式到达地面的辐射,称为散射辐射。两者之和就是到达地面的太阳辐射总量,称为总辐射。

(1)直接辐射

直接辐射的强弱与太阳高度角和大气透明度有关。太阳高度角不同时,地表单位面积上所获得的太阳辐射能也就不同。太阳高度角越大,地表单位面积上所获得的太阳辐射能就越多;反之,就越少。大气中的水汽、水汽凝结物和尘埃杂质越多,大气透明度越差,太阳辐射通过大气时被削弱得越多,到达地面的直接辐射也就相应地减少。

直接辐射有显著的日变化、年变化和随纬度的变化。这种变化主要决定于太阳高度角的变化。一天当中,由日出到中午,直接辐射不断增强;由中午到日没,直接辐射不断减弱。在一年中,直接辐射在夏季最大,冬季最小。以纬度而言,直接辐射随纬度增高而减小。

（2）散射辐射

太阳辐射在大气中受到散射,其中散射向地面的那一部分就是散射辐射。散射辐射的强弱与太阳高度角和大气透明度有关。太阳高度角增大时,到达地面的太阳直接辐射增强,散射辐射也相应地增强;相反,太阳高度角减小时,散射辐射减弱。当大气透明度不好时,参与散射的质点较多,散射辐射相应的增强;反之,大气透明度好时,散射辐射减弱。

同直接辐射类似,散射辐射的变化也决定于太阳高度角。一日内正午前后散射辐射最强;一年内夏季散射辐射最强。大气透明度的变化,常使散射辐射的年、日变化出现次高值和次低值。

（3）总辐射

同时到达地面的太阳直接辐射和散射辐射之和称为总辐射。总辐射的强弱主要由太阳直接辐射决定。

在到达地面的太阳辐射中,直接辐射是占最主要成分,而直接辐射又主要决定于太阳高度角,因此,我们可以根据太阳高度角在一天、一年之中的变化规律,得出总辐射的变化特点。

一是日变化,在一天之中,从日出到正午,太阳高度角不断增大,总辐射也就不断增强,温度逐渐升高,而从正午到日落,太阳高度角逐渐减小,总辐射不断减弱,到了夜间,没有太阳辐射。云的影响可以使这种变化规律受到破坏。

二是年变化,以我国所处的北半球中纬度地带为例。在夏季,太阳直射北半球,太阳高度角达最大,因此总辐射夏季最强,而冬季对于北半球来说太阳高度角最小,因而总辐射冬季最弱。赤道地区,一年中有两个最大值,分别出现在春分和秋分。

三是随纬度的变化,纬度越高,太阳高度角越小,因此,总辐射也就随纬度的增高而减小,所以赤道地区温度比较高,而两极温度比较低。

（4）地面对太阳辐射的反射

经过大气减弱后到达地面的太阳辐射,并不都为地表所吸收,地表还要反射掉一部分。地表的反射率决定于地表的种类和特性。

从上面的讨论中可以看出,太阳辐射在被地面吸收之前,既要受到大气和云的吸收、散射,又要受到云和地面的反射,结果真正被地面吸收的只是其中的一部分。就全球平均情况而言,如果把射入大气的太阳辐射作为100%,其中被大气和云吸收的约占 19％,被散射和反射回宇宙空间的约占 30％,被地面吸收的仅占 51％。在碧空区里,到达地球表面并被地面吸收的辐射约占 70％。

(二)地面辐射、大气辐射和地面有效辐射

地面和大气都吸收了太阳短波辐射的热量,与此同时,它们会根据自己的温度不断向外放射辐射,我们称为地面辐射和大气辐射。与太阳辐射相比,地面和大气的辐射波长要比太阳辐射长得多。所以,人们常把地面和大气的辐射称为长波辐射。

1. 地面辐射

投射到地球上的太阳辐射,绝大多数都被地面吸收。地面吸收热量后温度开始上升,也会按照其自身温度,不断向外放射辐射。地面放射的辐射中,一小部分射向大气之外进入宇宙,绝大部分都被近地面层大气所吸收。所以,离地面越近,空气获得的地面辐射的热量越多,气温越高;离地面越远,大气吸收热量越少,气温越低。

2. 大气辐射

地面放射的辐射会被距地面 40～50 m 高度的大气强烈吸收,大气吸收地面辐射后,热量有所升高,也会根据其自身温度向外放射长波辐射,也就是大气辐射。大气辐射少部分向上射向宇宙空气,大部分朝向地面,与地面辐射方向恰好相反,因而称为大气逆辐射。

大气逆辐射被地面所吸收,偿还了地面一部分的热量流失,从而对地面起到了保温的作用,它的保温作用使得夜晚气温不至于过低,特别是在有云的夜晚,大气逆辐射作用比较强,这种保温作用更为明显。

实验表明,如果没有大气,地表平均温度应该是 −23 ℃ 左右,而我们现在实际上并不是这样,大气的保温作用,就相当于给地球穿上了一件温暖的外衣,使地表平均温度达到 15 ℃,相比没有大气的情况提高了 38 ℃。这种保暖作用在气象上就称为大气的温室效应,正是这种温室效应,使得地表平均温度维持在一个适合生物生存的范围内。

3. 地面有效辐射

大气的直接热量来源来自地面辐射,同时大气逆辐射会偿还地面一部分热量流失,那么地面实际向大气真正传输的有效辐射是多少呢?地面放射的辐射与地面所吸收的大气逆辐射之差称为地面有效辐射。地面辐射和地面温度有关,大气逆辐射和大气温度、空气状态有关,所以一般影响地面有效辐射的主要因子有:地面温度、气温、空气湿度和云。地面辐射越大,地面有效辐射也就越大;大气逆辐射越大,地面有效辐射越小。

在寒冷秋冬季节,晴朗的夜晚比有云的夜晚更容易出现霜冻现象,就是因为,夜间晴朗无云的时候,大气逆辐射作用比较弱,地面有效辐射会比较强,地面散失热量比较多,所以地面温度会很低,容易出现霜冻。而当夜间天空有云或者空气湿度比较大,则大气逆辐射会增强,地面有效辐射将会减弱,地面失去的热量会减少,所以阴雨天气的夜晚地面温度相对不会那么冷。

三、气温的变化

(一)气温的日变化

气温在一昼夜内的周期性变化称为气温的日变化。气温日变化特点是在一天中有一个最高值和最低值。最高值出现在当地时间午后两点左右,最低值出现在日出前后。日出后气温迅速上升,当地时间午后两点左右达最大值,之后开始缓慢下降,到日出前后达最低值。

一天中气温最高值与最低值之差称为气温日较差。它表示气温日变化的程度,其大小随纬度、季节、地面性质和天气状况而变化。气温日较差一般低纬度地区大于高纬度地区。据统计,热带地区的气温日较差平均为 12 ℃;温带地区为 8～9 ℃;极地地区为 3～4 ℃。气温日较差随季节变化以中纬度地区最为显著,中纬度地区太阳辐射强度的日变化夏季比冬季大得多,所以气温日较差夏季大于冬季。热带和极地气温日较差随季节变化不大。地表性质对气温日较差影响显著,由于水的比热比土壤大 2～3 倍,所以海上的气温日较差比陆地上小得多。一般海上在 1～2 ℃左右,内陆地区可达 15 ℃以上,有些地方甚至可达25～30 ℃。在我国西北地区,人们常用"早穿棉,午穿纱"来形容这种剧烈的气温日变化。此外,由于土壤成分、干湿程度、颜色、植被等不同,气温日较差也不相同。地形对气温日较差也有一定影响。凸地上的气温因受周围空气的调节,昼间不易升高,夜间不易降低,气温日较差通常比同纬度地区的平地小。凹地上的空气不易流动,昼间不易散热,夜间山坡上的冷空气沿着斜坡下滑,聚积在凹地。因此,凹地的气温日较差比同纬度的平地要大。气温日变化受局部天气变化影响很大,如锋面过境、云况和风的变化等都会影响气温的变化。气温日变化随高度增加迅速减小,距地面越高,气温受地面影响越小,在 2～3 km 以上的高空,气温日变化不大。

(二)气温的年变化

气温的年变化与气温的日变化在某些方面有着共同的特点。如在一年中有一个最高值和一个最低值,出现的时间也由于地面储存热量的原因,使年最高气温不是出现在六月而是在七月,年最低气温不是出现在十二月而是在一月。一年中月平均气温的最高值与最低值之差,称为气温年较差。年较差的大小也和地表性质、纬度等因素有关。以我国为例,气温年较差自南向北逐渐增大。

(三)气温随高度的变化

1. 对流层中气温随高度的变化

在对流层中,通常气温随着高度的增加而降低。这是因为对流层中空气的增热主要是依靠吸收地面长波辐射,气层越靠近地面,获得的地面长波辐射就越多,气温越高;相反,离地面越远,气温越低。对流层中气温随高度的增加而降低的数值,在不同地区、不同季节、不同高度是不一致的。平均而言,高度每上升 100 m,气温下降约 0.65 ℃。

在对流层中,也会在一定条件下出现气温随高度增高而增高的现象,这种现象称为逆温。在对流层中,可以造成逆温的条件是地面辐射冷却、空气平流冷却、空气下沉增温、空气乱流混合等。由于条件不同,形成的逆温也不同,但无论是哪一种逆温,都对天气有一定影响。例如:逆温可以阻碍空气垂直运动的发展,使大量烟尘、杂质、水汽凝结物聚集在它的下面,使大气能见度变坏,形成雾或者霾。在北方供暖期,煤烟尘等污染物释放量较大,如果逆温层较厚,且长时间不消散,还可造成较为严重的空气污染事件。

(1)辐射逆温

由于地面强烈辐射冷却而形成的逆温称为辐射逆温。辐射逆温生消过程如图1-2 所示。

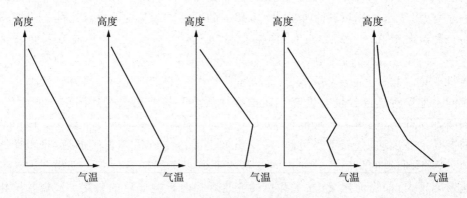

图 1-2 辐射逆温的生消过程

在晴朗无云(或少云)的夜里,地面很快辐射冷却,贴近地面的气层也随之降温。由于空气越靠近地面受地表影响就越大,所以,离地面越近,降温就越多,离地面越远,降温就越少,因而形成了自地面开始的逆温。以后,随着地面辐射冷却的加剧,逆温逐渐向上扩展,黎明时达到最强。日出后太阳辐射逐渐增强,地面很快增温,逆温便逐渐自下而上地消失。

辐射逆温在大陆上常年都可以出现,以冬季最强。中纬度冬季的辐射逆温厚度可达 200～300 m,有时还可达 400 m 左右。在高纬度地区的大陆受高压控制时,由于天气晴朗,地面强烈辐射冷却,还可以形成很强的辐射逆温,其厚度甚至可达 2～3 km,即使白天也不消失。

（2）平流逆温

由于暖空气平流到冷地表面上而形成的逆温,称为平流逆温。当暖空气平流到冷地表面上时,底层空气受冷地表面的影响大,降温多,上层空气受冷地表面影响小,降温少,这样就容易形成逆温。平流逆温的强弱,主要决定于暖空气和冷地表面的温差,温差越大,逆温就越强。

冬季,在中纬度沿海地区,因为那里海陆温差显著,当海上的暖空气流到寒冷的大陆上时,常形成平流逆温。此外,当暖空气平流到低地或盆地内聚集的冷空气上面时,也可以形成平流逆温。

（3）下沉逆温

由于空气层的下沉压缩增温而形成的逆温,称为下沉逆温。下沉逆温形成过程如图 1-3 所示。

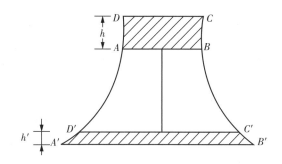

图 1-3　下沉逆温的形成

图中 ABCD 为某高度的气层,它的厚度为 h。当它下沉时,因为周围大气对它的压力逐渐增大,以及气层向水平方向的辐散,厚度减小。$A'B'C'D'$ 就是下沉后的气层,它的厚度为 h'。如果气层内部的气温直减率小于 1 ℃/100 m。下沉是绝热的,而且气层内部各部分空气不发生交换,这样,由于顶部（CD）下沉的距离要比底部（AB）大,所以,顶部的绝热增温要比底部多。如果气层下沉的距离很大,就可能使顶部的温度反而比底部的高,从而形成逆温。当然,实际下沉逆温的形成过程比上面所讲的复杂得多,但是通过上面的讨论,可以使我们了解形成下沉逆温的基本原因。下沉逆温多出现在高压区内,范围很广,厚度也很大,一般可达数百米。

（4）乱流逆温

由于低层空气的乱流混合而形成的逆温,称为乱流逆温。乱流逆温形成过程如图 1-4 所示。

图中 AB 为气层原来的气温分布,气温直减率（γ）比干绝热直减率（γ_d）小,经

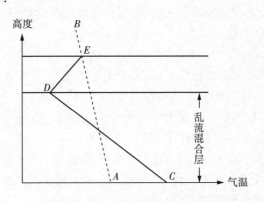

图 1-4　乱流逆温的形成

过乱流混合以后,气层的温度分布将逐渐接近于干绝热直减率。这是因为乱流运动中,上升空气的温度是按干绝热直减率变化的,空气升到混合层上部时,它的温度比周围空气的温度低,混合的结果,使上层空气降温;空气下沉时,情况则相反,会使下层空气增温。所以,经过充分的乱流混合以后,气层的温度直减率就逐渐趋近于干绝热直减率。图中 CD 就是气层经过乱流混合后的气温分布,其温度直减率很接近干绝热直减率。这样,在乱流减弱层(乱流混合层与未发生乱流的上层空气之间的过渡层)就出现了逆温层 DE。

前面讨论了几种逆温的形成过程。在实际大气中出现的逆温,有时是由几种原因共同形成的。例如,高纬度地区冬季,下沉逆温可以同辐射逆温结合起来形成厚度很大的逆温层;平流逆温也会因为夜间地表的辐射冷却而加强。因此,在分析逆温的成因时,还必须注意到当时的具体条件。

2. 高层大气温度随高度的变化

高层大气由于离地面较远,受地面的影响很小,其温度的分布,主要由该高度上的空气直接吸收太阳辐射来决定。

(1)平流层下部温度随高度的增高保持不变;在上部温度随高度的增高而升高。对于上部温度的升高现象,主要是与这层内臭氧直接吸收太阳辐射有关。

(2)中间层的气温随高度的增高而降低。

(3)热层气温随高度升高而升高。

(四)近地面层气温的水平分布

近地面层气温受地面辐射影响,常随地面温度的变化而变化。地面温度的分布又因纬度、海陆分布、地形及地表面性质的不同而不同,且随着季节、昼夜及天气的变化而变化。夏季,在低纬度地区,由于太阳高度角大、日照时间长,所以地面和近地面层的温度高;冬季,在高纬度地区的情况相反。同一纬度上,夏季海洋比陆地温度低,冬季相反。大陆上地形(如平原、丘陵、山地等)不同,地表面性质(如沙漠、草原、森林等)不同,也会造成地面和近地面层温度的水平分布不一致。此外,天气变化也会影响近地面层的气温,通常在同一气团控制下的地区,温度水平分布较均匀,而锋面过境的区域,水平方向上气温差异往往很大。

第三节　大气压强

大气压强简称气压。它是空气分子作用于物体表面单位面积上的作用力,是空气分子热运动撞击物体表面的宏观表现。它的分布和变化与空气运动和天气变化有着密切的联系。

一、气压的概念和表示方法

（一）气压的概念

气压是指与大气相接触的表面上,空气分子作用在单位面积上的力,这个力是由空气分子对该面碰撞所引起的。在气象上,气压通常用观测高度到大气上界单位横截面积上垂直空气柱所受到的重力来表示。

（二）气压的表示方法

气象上常用百帕(hPa)和毫米汞柱高(mmHg)来表示气压的大小。百帕与毫米汞柱之间的换算关系如下:

$$1 \text{ hPa} = 3/4 \text{ mmHg} \tag{1-9}$$

$$1 \text{ mmHg} = 4/3 \text{ hPa} \tag{1-10}$$

一般将纬度 45°的海平面上,温度为 0 ℃时,760 mmHg 高所具有的压强称为一个标准大气压。在国际单位制中,压强的单位是帕斯卡(Pa),气压的单位为百帕(hPa),它们之间的换算关系为:

$$1 \text{ hPa} = 100 \text{ Pa} \tag{1-11}$$

$$1 \text{ 标准大气压} = 1013.25 \text{ hPa} \tag{1-12}$$

二、气压的变化

（一）气压变化的原因

某地气压的变化,实质上就是该地上空空气柱的质量增加或者减少的反映。空气柱质量的变化主要是热力和动力因子引起。热力因子是指温度的升高或者降低引起的体积膨胀或者收缩、密度的增大或者减小以及伴随的气流辐合或者辐散所造成的质量增多或减少。动力因子是指大气运动所引起的气柱质量的变化,根据空气运动状况,可归纳为以下三种情况。

1. 水平气流的辐散和辐合

空气中的各个质点,由于快慢不同,流向不同,会使空气在某些地区聚集起来或流散开来,如图1-5所示。

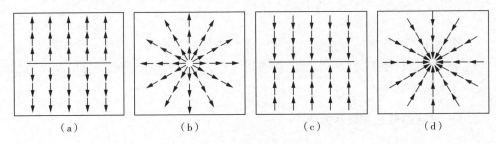

$$(a) \qquad (b) \qquad (c) \qquad (d)$$

图1-5 辐散、辐合示意图

图1-5(a)(b)表示各点空气都背对着同一线或点流散开,称为辐散。如果空气流向相同,且前面空气的流速大于后面空气的流速,则也会造成辐散;(c)(d)表示各点空气都朝同一线或点聚集进来,称为辐合。如果空气流动方向相同,且后面空气的流速大于前面空气的流速,也会有辐合现象出现。对某一地区来说,如空气流辐散,则空气柱质量就减少,气压就会降低;反之,如空气流辐合,则空气柱的质量就增加,气压就会升高。在实际大气中,有时下层辐合,上层辐散;有时辐散、辐合随高度分布比较复杂,因此地面气压随时间的变化就要看整个空气柱中辐散、辐合哪一种占优势。

2. 气团的密度平流

所谓密度平流是指由于不同密度空气(气团)的水平移动引起某地区空气密度增大或减小的现象。当密度大的空气流来时,局地空气密度增大,气压升高;当密度小的空气流来时,局地空气密度变小,气压下降。一般冷空气(冷气团)的密度大,暖空气的密度小。因此,当冷空气来时,气压升高;暖空气来时,气压降低。

由于冷空气来时,局地温度下降;暖空气来时,局地温度上升。气象上称冷、暖空气水平流动引起的局地温度变化为温度平流。由于冷空气水平流动引起局地气温下降,称为冷平流;由于暖空气水平流动引起局地气温上升,称为暖平流。因而上述空气密度平流引起的气压随时间变化,也可用冷、暖平流来解释。冷平流引起局地气压上升,暖平流引起局地气压下降。

3. 空气铅直运动

空气铅直运动对空气柱质量的影响如图1-6所示。

当空气无铅直运动时,位于A、B、C三地上空某高度上的a、b、c三点的气压均

为 p。如果 C 地的空气作下沉运动,空气质量向下输送,则 c 点气压降低;如果 B 地空气有上升运动,空气质量向上输送,则 b 点气压升高。

在近地面气层中,因气流铅直运动微弱,所以铅直运动对近地面气层局地气压变化的影响可以忽略。

在实际大气中,通常冷空气(或冷平流)来时,常伴有下沉运动,有自上而下的质量输送,气柱上层质量减少,上层气压降低;暖空气(或暖平流)来时常

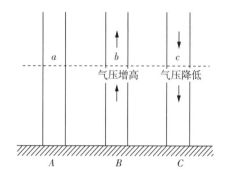

图 1-6 空气铅直运动对空气柱质量的影响

伴有上升运动,有自下而上的质量输送,气柱上层质量增加,上层气压升高。

应该指出,实际大气的气压变化,并非由某一单独因子所致,而是各种因子综合的结果,并且它们之间又是互相联系和互相制约的。

(二)气压随高度的变化

一个地方的气压值经常有变化,变化的根本原因是其上空的大气柱中空气质量的增多或者减少,大气柱质量的增减又往往是大气柱厚度和密度改变的反映。当空气柱增厚、密度增大时,空气质量增多,气压就升高;反之,气压减小。海拔越高,空气越稀薄,空气柱越短,空气柱重量就越轻,气压也就越低。因而,任何地方的气压值总是随着海拔高度的增高而递减。

理论与探测结果证明,气压随高度变化的一般规律是:在低层大气中每升高 100 m,气压约下降 12 hPa;而到 10 km 高度附近,每升高 100 m 仅下降 4 hPa;高度越往上,气压下降越慢。

一般在比较大的高度范围内进行压高计算时,针对实际大气不等温的情况,通常采用气层的平均温度来计算气层的温度,得出等温大气的压高公式为:

$$H = 18423 \left(1 + \frac{t_m}{273}\right) \ln \frac{p_1}{p_2} \qquad (1-13)$$

式中,p_1 和 p_2 分别是不同高度两点的气压值,H 为气层厚度,t_m 为气层平均虚温。根据不同高度两点的气压值和它们之间气柱的平均虚温,可求出这两点之间的高度差,即气层的厚度。

(三)气压的水平分布

一般来说,在均匀下垫面的自转地球上,高、低气压带沿着纬圈呈带状分布,即等压线分布与纬圈平行。实际上地表并不是均匀的,尤其是大陆和海洋的差异,使气压场并不是简单的纬向带状分布,等压线表现为弯弯曲曲或一个个闭合的气压

区。但在南半球有些地区,由于下垫面比较均一,仍具有纬向分布的特征。

1. 1 月份世界海平面平均气压分布特征

1 月份北半球正处在冬季,由于海陆的热力差异,使得同纬度上的陆地空气温度低于海洋上的空气温度,因此大陆上有利于高压形成,而海洋上有利于低压形成。此时,欧亚大陆为强大的冷高压盘踞,这个冷高压称为蒙古高压或亚洲高压,中心气压约为 1035 hPa。北美大陆也为高压控制,称为北美高压或加拿大高压,但其范围和强度都不如蒙古高压,中心气压约为 1007 hPa。在海洋上,太平洋东北部的阿留申群岛附近有一低压,称为阿留申低压,中心气压约为 1000 hPa。在大西洋东北部冰岛附近也有一低压,称为冰岛低压,中心气压约为 997 hPa。海洋上除上述两个低压中心以外,还有两个高压中心,一个为太平洋高压,位于夏威夷群岛附近,称为夏威夷高压;另一个是大西洋高压,也称亚速尔高压。这两个高压中心的气压值均为 1021 hPa。

1 月份南半球正处在夏季,由于海陆的热力差异,使得大陆的空气温度高于同纬度洋面上的空气温度,因此大陆上有利于形成低气压,海洋上有利于形成高气压。此时,在南太平洋、南大西洋和南印度洋各为一个高压控制。在非洲南部和南美洲大陆上均为低压盘踞。从南半球的副热带纬度到南纬 60°～65°附近,由于陆地面积小,绝大部分为海洋,下垫面比较均一,因此等压线与纬圈平行。南北两极地区各为一个高气压,称为极地高压。

2. 7 月份世界海平面平均气压分布特征

7 月份北半球处在夏季,由于海陆差异使得大陆上空气温度高于同纬度海洋上的空气温度。于是,在大陆上有利于形成低气压,海洋上有利于形成高气压。此时,欧亚大陆上高压已为低压所替代,这个低压称为印度低压或南亚低压,中心气压约为 1000 hPa,北美大陆也是低压,称为北美低压。在海洋上此时由于不利于低压形成,阿留申低压和冰岛低压全都减弱。冰岛低压的中心气压由 997 hPa 减弱为 1009 hPa,而阿留申低压已减弱到无闭合等压线了。海洋上的两个高压中心,此时因海洋上有利于高压形成,所以它们的范围和强度均比冬季时增强。

7 月份南半球正处在冬季,由于海陆的热力差异,同纬度大陆的空气温度比海洋上的空气温度低,使得大陆有利于高压生成,海洋上有利于低压生成,于是,1 月份在大陆的低压,此时已消失得无影无踪,而为高压所替代,且同海洋上的高气压连成一片。南北两极地区仍为高压控制。南北两半球的冬季气压梯度均比夏季大,即冬季的等压线比夏季的密集。

冬夏季海陆上的气压中心,通常称为活动中心。有的活动中心一年四季都存在,仅位置和强度发生变化,这些中心称为永久性活动中心。属于这一类的有赤道低压带、副热带高压带、冰岛低压、阿留申低压、极地高压等。还有一类活动中心,随季节变化,仅在夏季或冬季存在,称为半永久性活动中心,有冬季的蒙古高压和加拿大高压,夏季的印度低压和北美低压,还有南半球冬季大陆上的高压和南半球夏季大陆上的低压。

(四)气压随时间的变化

观测资料的分析表明,气压不仅随空间位置变化,而且还随时间而变,即气压是空间位置和时间的函数。

气压的时间变化有周期变化和非周期变化之分。周期变化是指具有固定周期的气压变化,它有日变化和年变化两种。气压的非周期变化是指不具有固定周期的变化。

1. 气压的日变化

一天之内气压的周期变化,称为气压的日变化。它的变化特点是一天中有一个最高值,一个最低值,另外还有一个次高值和一个次低值。最高值出现在当地时间9~10时,次高值出现在21~22时;最低值出现在15~16时,次低值出现在3~4时。

气压日变化的幅度,通常用气压日较差来表示,它的大小随纬度而异。低纬度地区的日较差较大,可达3~4 hPa,随着纬度的增加,气压日较差逐渐减小,到纬度50°的地方,日较差已不到1 hPa。在我国中纬度地区,气压日较差约1~2.5 hPa,在低纬地区约为2.5~4 hPa。另外,气压日变化还受地形的影响,例如,我国地面气压日较差很大的地方不在低纬度地区,而在青藏高原东部边缘的山谷中,约为3~4 hPa。

2. 气压的年变化

以一年为周期的气压变化,称为气压年变化。气压年变化特点与地理条件有很大关系。在大陆上,气压最高值出现在冬季,气压最低值出现在夏季,并称为"大陆型"。在海洋上,气压最高值出现在夏季,气压最低值出现在冬季,并称为"海洋型"。在高山地区,气压最高值出现在夏季,最低值出现在冬季,并称为"高山型"。海陆的热力差异是造成"大陆型"和"海洋型"的主要原因。"高山型"从变化形式上看,与"海洋型"相似,但其成因与"海洋型"并不相同。在夏季,空气柱受热向上膨胀,高山地区上空的气柱质量增加,故气压升高;在冬季,空气柱冷却收缩下沉,高山地区上空气柱质量减少,气压下降。

前面讨论了气压日变化和年变化,其中年变化比较稳定,很少受到"干扰",而日变化往往受到台风、寒潮、雷暴等天气系统的干扰,不呈现周期性的变化。

3. 气压的非周期变化

气压的非周期性变化与气压系统的移动、演变有直接关系。比如,当寒潮爆发南下时,冷空气经过的地方,气压升高;反之,当有暖空气来时,其经过的地方,气压下降。这种非周期性变化破坏了局地气压的周期性变化。

一般在中高纬度地区,由于气压系统活动频繁,因而气压的非周期变化比低纬度地区明显得多。一般来说,在中高纬度地区,气压的周期变化往往被非周期的气压变化掩盖,所以气压变化多带有非周期变化的特点。而在低纬度地区,气压的非周期变化常比周期变化小,因而气压的周期变化特点比较明显。当然,这不是绝对的,有时也有例外。如果在中高纬度地区,气压系统移动缓慢,水平气压梯度较小,这时气压变化的周期性特点就会明显地显露出来。在低纬度地区,如果有台风过境,那么气压变化的非周期性特点也会表现出来。

实际上,某地的气压变化总是包含着周期的和非周期的变化。而非周期变化反映了气压系统的移动和演变,所以在分析天气时,要注意气压的非周期变化。

第四节　空气湿度

湿度是表示空气中水汽含量的多少或空气干湿程度的物理量。由于研究问题的角度不同,一般采用不同的湿度参量。

一、空气湿度的概念和表示方法

(一)水汽压

气压是空气分子作用在物体单位面积上的力。空气包含了多种气体,所以气压是空气中众多气体共同作用的结果。那么大气中由水汽所产生的分压强称为水汽压,用 e 表示,水汽压的单位与气压的单位相同,通常用毫米汞柱或百帕来表示。水汽压的大小视大气中水汽含量的多少而定,空气中包含的水汽越多,那么水汽压就越大;相反,空气中包含的水汽越少,水汽压就越小。在气象观测中,它是由干湿球温度的差值经过换算求得的,表示大气中水汽的绝对含量。

我们知道一块海绵垫的吸水能力是有上限的,超过这个上限达到饱和状态,海绵中的水就要渗出来。同样的,空气中的水汽含量也是如此。在温度一定时,一定体积空气中能容纳的水汽分子数是有一定限度的。如果空气中的水汽量正好达到或超过了某一温度条件下空气所能容纳水汽的限度,则水汽已达饱和或过饱和,这时的空气称为饱和空气。饱和空气的水汽压,称为饱和水汽压。

与海绵吸水上限有所差别的是,空气的饱和水气压随着温度的升高而不断增大。

理论和实验证明,饱和水汽压是温度的函数,温度越高,饱和水汽压越大。对于纯净的平水面而言,其上空气的饱和水汽压称为水面上饱和水汽压(E_w),对于平冰面而言，其上空气的饱和水汽压称为冰面上饱和水汽压（E_i）。E_w 和 E_i 随温度的变化规律，常用马格努斯（Magnus）经验公式表示，即

$$E = E_0 \times 10^{\frac{at}{b+t}} \tag{1-14}$$

式中：$E_0 = 6.11$ hPa，是 0 ℃时的饱和水汽压。t 是摄氏温度，a 和 b 是常数。对平水面，$a = 7.45$，$b = 235$；对平冰面，$a = 9.50$，$b = 265$。

近年来国际气象组织推荐使用高夫-格雷奇（Goff - Grech）经验公式来计算饱和水汽压。

饱和水汽压与温度的关系见表 1-2 和表 1-3。

表 1-2 平水面上的饱和水汽压与温度的关系

t(℃)	0	1	2	3	4	5	6	7	8	9
40	73.777	77.802	82.015	86.423	91.034	95.855	100.89	106.16	111.66	117.40
30	42.430	44.927	47.551	50.307	53.200	56.236	59.422	62.762	66.264	69.934
20	23.373	24.861	26.430	28.086	29.831	31.671	33.608	35.649	37.796	40.055
10	12.272	13.119	14.017	14.969	15.977	17.044	18.173	19.367	20.630	21.964
0	6.1078	5.6780	5.2753	4.8981	4.5451	8.7192	9.3465	10.013	10.722	11.474
-0	6.1087	6.5662	7.0547	7.5753	8.1294	4.2148	3.9061	3.6177	3.3484	3.0971
-10	2.8627	2.6443	2.4409	2.2515	2.0755	1.9118	1.7597	1.6186	1.4877	1.3664
-20	1.2540	1.1500	1.0538	0.9649	0.8827	0.8070	0.7371	0.6727	0.6134	0.5589
-30	0.5088	0.4628	0.4205	0.3818	0.3463	0.3139	0.2842	0.2571	0.2323	0.2097
-40	0.1891	0.1704	0.1534	0.1379	0.1239	0.1111	0.0996	0.0892	0.0798	0.0712

表 1-3 平冰面上的饱和水汽压与温度的关系

t(℃)	0	1	2	3	4	5	6	7	8	9
-0	6.1078	5.6230	5.1730	4.7570	4.3720	4.0150	3.6850	3.3790	3.0970	2.8370
-10	2.5970	2.3760	2.1720	1.9840	1.8110	1.6520	1.5060	1.3710	1.2480	1.1350
-20	1.0320	0.9370	0.8502	0.7709	0.6985	0.6323	0.5720	0.5170	0.4669	0.4213
-30	0.3798	0.3421	0.3079	0.2769	0.2488	0.2233	0.2002	0.1794	0.1606	0.1436
-40	0.1283	0.1145	0.1021	0.0901	0.0801	0.0719	0.0639	0.0567	0.0503	0.0445

（二）绝对湿度

绝对湿度是单位容积空气中所含的水汽质量，即水汽密度，用 a 表示，单位为

kg/m³。它能直接表示出空气中水汽的绝对含量,但不能直接测量,通常由水汽压的数值计算得到。

如果水汽压以帕斯卡(Pa)为单位,则绝对湿度可表示为:

$$\alpha = 2.17 \times 10^{-3} \frac{e}{T} \quad (\text{kg/m}^3) \tag{1-15}$$

如果水汽压以毫米汞柱(mmHg)为单位,则绝对湿度可表示为:

$$\alpha = 0.289 \frac{e}{T} \quad (\text{kg/m}^3) \tag{1-16}$$

值得注意的是,绝对湿度只有与温度一起才有意义,因为随着温度的变化空气的体积也会变化,所以空气中的绝对湿度也不同。

(三)比湿

空气是流动的,当温度一定时,某一团空气做垂直运动时,它的体积并不是固定不变的,随着高度的增加气团的气压越来越小,体积越来越大,很明显用绝对湿度描述此时空气水汽含量是不准确的,这个时候就可以用比湿来表示。

比湿是水汽质量与同一容积中空气的总质量的比值,用 q 表示,它的单位是g/g或g/kg,其表达式为:

$$q = 622 \frac{e}{p} \quad (\text{g/g})\text{或} q = 622 \frac{e}{p} \quad (\text{g/kg}) \tag{1-17}$$

对于同一团空气来说,在发生膨胀或压缩时,若无水分的凝结或蒸发,则其中的水汽质量和总质量并不会发生变化,就是说某团空气的体积变化时,它的比湿保持不变,所以比湿具有保守性。在讨论湿空气的上升或下降过程中,通常用比湿来表示空气的湿度。饱和空气的比湿称为饱和比湿(q_s)。

(四)相对湿度

当空气中所含有的水汽压均等于 1606 Pa 时,在炎热的夏天中午气温大概是35 ℃,人们并不感到潮湿,因为此时离水汽饱和气压还很远,物体中的水分还能继续蒸发。而在较冷的秋季,大约 15 ℃ 左右,人们却会感到潮湿,深秋露重,这是为什么呢?

因为这时空气水汽压已经达到过饱和,水分不但不能增发,而且还要凝结成水。这也说明了一个问题,空气的干湿程度与空气中所含有的水汽量接近饱和的程度有关,而与空气中含有水汽的绝对量没有直接关系。

绝对湿度、比湿、水汽压的大小只能说明空气中水汽含量的多少,不能完全反映空气的干湿程度。空气相对湿度是表示空气距离饱和程度的指标,也是空气湿度最常用的一种表达方式。

相对湿度是空气中实际水汽压与当时气温条件下的饱和水汽压的比值,用 f 表示,以百分比的形式记录,即

$$f = \frac{e}{E} 100\% \tag{1-18}$$

相对湿度的大小可以直接表示空气距离饱和的程度,当空气饱和时,$f = 100\%$;当空气未饱和时,$f < 100\%$;当空气过饱和时,$f > 100\%$。

由于饱和水汽压随温度而改变,所以相对湿度的大小决定于水汽压和温度的增减,其中温度往往起着主导作用,因为气温的改变比水汽压的改变既迅速又频繁。所以当水汽压一定时,温度降低则相对湿度增大,温度增高则相对湿度减小。夜间多云雾霜露,就是由于相对湿度增大的结果。

(五)露点温度

在气压和水汽含量都不变的条件下,使空气所含的水汽达到饱和状态所必须下降到的温度称为露点温度,简称露点,用 t_d 表示。露点的单位与温度的单位相同,露点温度的高低只与空气中的水汽含量有关。水汽含量越多,露点温度越高,所以露点温度也是表示水汽含量多少的物理量。

当空气处于未饱和状态时,其露点温度低于当时的气温;当空气达到饱和状态时,其露点温度等于当时的气温。因此,气温与露点温度之差,即温度露点差($t - t_d$)的大小也可以表示空气距离饱和的程度。当空气处于饱和状态时,$t - t_d = 0$;当空气处于未饱和状态时,$t - t_d > 0$,$t - t_d$ 的值越大,说明空气距离饱和越远。同时,根据温度与露点的差值,可知气温降低多少度才会有凝结现象发生。因此,温度露点差在天气分析预报中是经常用到的。

二、空气湿度的变化

(一)湿度的日变化

相对湿度的日变化与气温的日变化相反,当气温升高时,空气中饱和水汽压增加,因而相对湿度变小;气温降低,则相对湿度变大。因此,相对湿度的日变化有一个最高值和一个最低值。最高值出现在日出前后,最低值出现在午后。但在沿海地区的午后,由于来自海洋吹向大陆的风最强,带来大量的水汽,因而最大相对湿度出现在午后。相对湿度的日变化,夏季大于冬季,晴天大于阴天。

水汽压的日变化有几种不同的类型:在大陆上乱流混合比较强的季节里,水汽压有两个高值和两个低值。在海洋、沿海地区和大陆上乱流不强的季节,水汽压的日变化与蒸发的日变化一样,只有一个最高值和一个最低值。

(二)湿度的年变化

相对湿度的年变化一般来说是夏季最小,冬季最大。但是在有些季风盛行的

地区,由于夏季盛行风来自海洋,冬季盛行风来自内陆,相对湿度反而是夏季大,冬季小。

水汽压的年变化比较简单,它和气温的年变化相似,有一个最高值和一个最低值。最高值出现在蒸发强的七、八月份,最低值出现在蒸发弱的一、二月份。

(三)近地面层湿度的水平分布

由于海陆分布、地形及地表性质、纬度等不同,湿度的水平分布亦不相同。我国全年绝对湿度平均值的分布,大致自东南向西北递减。如东南沿海地区一般在20 hPa 以上,而西北内陆地区则不足 7 hPa。全年相对湿度的平均分布在东南沿海地区、长江中下游、四川盆地、云贵高原东部等地区均达80%左右,华北平原、东北平原、黄土高原等大部分地区为 60%~70%;内蒙古、新疆大部分地区为 40%~50%;拉萨地区则只有 35%左右。

(四)湿度随高度的变化

空气湿度随高度的分布与气温、垂直气流、凝结与蒸发以及降水等变化情况有关。实际观测证明,水汽压平均值随高度增加而减小得很快。通常最大水汽含量出现在直接进行蒸发的地表面附近,在距离地面 1.5~2 km 高度上水汽压则为地面的二分之一,3 km 高度处为四分之一,在 6~8 km 高度处则为二十分之一,再往上水汽含量就更为稀少了。这个现象的产生是因为从地面蒸发的水汽不易到达高空,且由于高空气温低,故水汽减少。

第五节　空气的水平运动

空气运动可分为水平运动和垂直运动两部分,空气的水平运动就是通常所说的风。风与天气变化有密切的关系。风的变化不仅是天气变化的组成部分,而且是影响天气系统和其他气象要素发展变化的重要原因。风对航空、航海、导弹发射和火炮射击等各种军事活动都有直接的影响。

一、风的概念和表示方法

空气的水平运动称为风。风是矢量,包括风向和风速两个要素。风向是指风的来向,国际上一般以北为零,顺时针旋转方位角增大,单位一般为度。地方气象部门有时也用 16 个方位来表示风向,分别是东、南、西、北,东北、东南、西南、西北,北东北、东东北、东东南、南东南、南西南、西西南、西西北、北西北,风向 16 方位图如图 1-7 所示。圆周总共为 360°,所以 16 个方位每个方位的所占的角度为 22.5°。

风速是指单位时间内空气运动的水平距离,通常用米/秒表示。计算公式如下:

$$V = d/t \qquad (1-19)$$

公式(1-19)中,V 是风速,d 是指空气运动的水平距离,t 是相应的时间。

气象上风速常用的单位是 m/s,个别国家采用 knot 为单位(1 knot ≈ 1.9 km/h)。对于高空风速探测,通常采用探空气球观测,通过观测单位时间气球飞行距离来获知风速大小。即利用余弦定理,根据斜距 L(实际观测放球点到空中气球位置的距离)和夹角 α,计算水平距离 d,除以时间 t 后计算风速 V。

图 1-7　风向 16 方位图

风速大小也可用风力等级来表示,风速与风级的关系和不同风速引起的物体征候见表 1-5。

表 1-5　风力等级表

风级	名称	平地上离地 10 m 处的风速			地面物象	海面波浪	平均浪高（米）	最高浪高（米）
		海里/小时	米/秒	千米/小时				
0	无风	<1	0.0~0.2	<1	静,烟直上	平静	0.0	0.0
1	软风	1~3	0.3~1.5	1~5	烟示风向	微波峰无飞沫	0.1	0.1
2	轻风	4~6	1.6~3.3	6~11	感觉有风	小波峰未破碎	0.2	0.3
3	微风	7~10	3.4~5.4	12~19	旌旗展开	小波峰顶破裂	0.6	1.0
4	和风	11~16	5.5~7.9	20~28	吹起尘土	小浪白沫波峰	1.0	1.5
5	劲风	17~21	8.0~10.7	29~38	小树摇摆	中浪折沫峰群	2.0	2.5
6	强风	22~27	10.8~13.8	39~49	电线有声	大浪白沫离峰	3.0	4.0
7	疾风	28~33	13.9~17.1	50~61	步行困难	破峰白沫成条	4.0	5.5
8	大风	34~40	17.2~20.7	62~74	折毁树枝	浪长高有浪花	5.5	7.5
9	烈风	41~47	20.8~24.4	75~88	小损房屋	浪峰倒卷	7.0	10.0
10	狂风	48~55	24.5~28.4	89~102	拔起树木	海浪翻滚咆哮	9.0	12.5
11	暴风	56~63	28.5~32.6	103~117	损毁重大	波峰全呈飞沫	11.5	16.0

（续表）

风级	名称	平地上离地 10 m 处的风速			地面物象	海面波浪	平均浪高（米）	最高浪高（米）
		海里/小时	米/秒	千米/小时				
12	飓风	64～71	32.7～36.9	118～133	摧毁极大	海浪滔天	14.0	—
13	—	72～80	37.0～41.4	134～149	—	—	—	—
14	—	81～89	41.5～46.1	150～166	—	—	—	—
15	—	90～99	46.2～50.9	167～183	—	—	—	—
16	—	100～108	51.0～56.0	184～201	—	—	—	—
17	—	109～118	56.1～61.2	202～220	—	—	—	—

近地面层风力为 8 级(17.0 m/s)以上的风称为大风。大风能破坏建筑设施和农作物,对航海、海上施工和捕捞作业的危害更大,是一种灾害性天气。产生大风的天气系统主要有寒潮、热带风暴和台风、雷暴、气旋等。

寒潮大风出现在寒潮冷锋之后,最大风速一般出现在冷锋过后 3 h 左右。热带风暴和台风大风是由于热带风暴和台风涡旋区内强大的气压梯度所引起的,具有风力大、阵性强的特点;雷暴大风是从积雨云中急速下沉的冷空气到达地面时所引起的;强烈发展的气旋中心附近也可出现大风。

在我国春季和冬季,气旋东移入海得到加强,往往产生海上大风。每逢春季,当高气压从大陆东移入海后,华北平原常常在午后出现强偏南风。此外,地形的狭管效应可使风速增大,台湾海峡多大风就是这种地形影响造成的。

二、风的形成

(一)作用于空气的力

空气受到力的作用,运动状态就要发生改变,空气受到不同性质的力,就会出现不同的运动状态。空气受的力主要有重力、气压梯度力、地转偏向力、惯性离心力和摩擦力等。

1. 气压梯度力

气压是作用在单位面积上的大气压力,它的大小可以用其上方空气柱的质量来衡量。空气密度越大,该处气压就相对高;空气密度小,气压就相对低。这样的高低压分布会对空气产生一种力的作用:高压区空气密度比较大,相对比较拥挤,受压力作用一部分空气就会从高气压区流向低气压区,也就形成了风。由于气压的空间分布不均匀而作用于单位质量空气的力称为气压梯度力。气压梯度力的方向是由高气压指向低气压。

由于气压的空间分布不均匀而作用于单位体积空气上的力称为气压梯度。单位体积的空气质量就是空气密度。因此,气压梯度除以空气密度就是气压梯度力。

气压梯度力分为水平气压梯度力和铅直气压梯度力。水平气压梯度力的方向垂直于等压线,由高压指向低压。铅直气压梯度力的方向始终铅直向上。

铅直气压梯度力比水平气压梯度力大几千倍甚至上万倍。但因为铅直方向上始终有重力与之近于平衡,所以,铅直气压梯度力虽大,却不能造成强大的上升气流。水平气压梯度力虽然很小,但没有受到任何力的抵消,在长时间里会使空气运动产生加速度,是形成风的原动力。可见,水平气压梯度力对空气的水平运动是十分重要的。

2. 地转偏向力

由于地球自转的结果,地球上一切水平运动的物体不论朝哪个方向运动,都会与其运动的最初方向发生偏离,若以运动物体前进的方向为准,则北半球水平运动的物体偏向右方,南半球偏向左方。

造成运动着的物体发生偏离的力称为地转偏向力,又叫科氏力。对于气流而言,它垂直于空气质点运动的方向,因此,它只能改变气流的方向,不能改变气流的速度。其大小决定于纬度(φ)、空气运动速度(V)和地球自转角速度(ω)。

地转偏向力在赤道为零,随纬度的增高而增大,在两极达最大值。地转偏向力在数值上并不大,但是,对于气流运动来说却有很大意义。在研究大范围空气运动时,地转偏向力的作用就很重要了。

3. 惯性离心力

当等压线呈闭合或弯曲时,空气作曲线运动,此时空气还要受到惯性离心力的作用。惯性离心力的方向与空气运动的方向垂直,并自曲线路径的曲率中心指向外缘,其大小与空气运动线速度平方成正比,与曲率半径成反比。

在实际大气中,运动的空气所受到的惯性离心力通常很小。但是,当空气运动速度很大,运动的曲率半径特别小时,惯性离心力也能达到很大数值,甚至大大超过地转偏向力。

4. 摩擦力

处于运动状态的不同气层之间,空气和地面之间都会相互作用,从而对气流运动产生阻力。气层之间产生的阻力称为内摩擦力,由地面对气流运动产生的阻力称为外摩擦力。摩擦力总是和空气运动的方向相反,总是限制风速的增大。

(二)风的形成过程

空气受热不均是形成风的基本原因。当地球表面受热不均匀,不同地区就产生了温差。暖区空气因受热而对流上升,使上空的气压比冷区上空的气压高。气压高处的空气就向低处流动,风就从暖区上空吹向冷区上空。这样造成冷区上空空气堆积,密度增大,空气下沉。因低空冷区气压高于暖区,冷空气就流向暖区,形成自冷区吹向暖区的低空风,风的形成如图1-8所示。

三、风的变化

(一)风的日变化

天气比较稳定时,摩擦层中风常有明显的日变化。日出后地面上风速渐增,风向右转;午后风速达最大值,以后逐渐减弱,风向左转,夜间风速最小。在摩擦层上部,风的日变化则相反,最大风速出现在夜间,最小

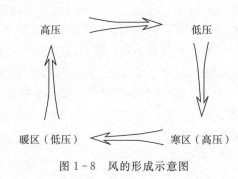

图1-8 风的形成示意图

风速则出现在白天。一般情况下,风的日变化是晴天比阴天大,夏季比冬季大,陆地比海洋大。天气有较大变化时,风的日变化与一般情况有显著不同。

(二)风随高度的变化

风随高度的变化是复杂的,与地形、季节和天气等有很大关系。在对流层下部,受地面影响最显著的一层称为摩擦层,厚度约2 km左右。

在摩擦层中,随着高度增加,摩擦力逐渐减弱,在近地面层中风速随高度的上升增加很快,而风向变化很小。在摩擦层上部,如果气压没有明显变化,在北半球风速随高度增加而加大,风向受地转偏向力的作用随高度增加逐渐向右偏。再往上风向比较稳定,受到地球自转的影响,通常产生偏西风。

(三)风的阵性

风向变动不定,风速一阵大一阵小的现象,称为风的阵性。其产生的主要原因是空气乱流运动引起的。当大气中出现乱流时,同空气一起移动的大小不等的涡旋可使局部气流加强。对于某一地点来说,随着涡旋的过往,该地的风向就会有忽左忽右的改变,风速就会有忽大忽小的变化。风的阵性在摩擦层中出现得最经常最显著(特别是在山区)。随着高度的增加,它便逐渐减弱。一天中,风午后乱流最强,阵性风出现的频率最多,强度也最为明显。

(四)季风

一年之间有规律交替变化的风,称为季风。季风是由于海陆增温和冷却不均匀而引起的。冬季大陆比海洋冷却快,大陆上为高气压,海洋上为低气压,因而空气就从大陆流向海洋,产生冬季风。夏季大陆比海洋增温快,大陆上为低气压,海洋上为高气压,空气就从海洋流向大陆,产生夏季风。季风的垂直范围,冬季为2 km左右,夏季可达到4~5 km。我国是一个季风盛行的国家,但是由于国土辽阔,因而各地受季风影响的程度很不一致。东南沿海地区,季风强烈。西北地区,季风不明显。就各地区而言,冬季华北平原、渤海、黄海盛行北风及西北风,华中、

华南、东海、南海则为北风及东北风,云贵高原和西藏高原盛行西南风。夏季季风分为两股:一股为东南季风,在苏、浙沿海登陆,经华北平原至东北南部,渐转为南风及西南风;一股为西南季风,在南海登陆后渐转为南风及东南风。云贵高原亦有西南季风。如上海1月份偏北风为62%,7月份偏南风有57%。所以季风对我国东南沿海影响最大。

(五)地方性风

在大范围气压场中,不同地区的风也可以有很大差异,这种差异主要是由地形和地表性质不同所引起的。这种与地方性特点有关的局部地区的风,称为地方性风。多数地方性风的强度不大,只有当大范围气压梯度比较弱时,它才会明显地表现出来。地方性风都有各自的规律,应当掌握这些规律,在战斗保障中加以运用,才能够顺利地实施气象保障工作。

1. 海陆风

海陆风形成如图1-9所示,在近海岸地区,白天风从海面吹向陆地,称为海风。夜间风从陆上吹向海面,称为陆风。海陆风的形成是由于陆地和海洋昼夜气温差别所引起的。白天,陆地升温快,海洋升温慢,在低空造成海上气压高于陆地,海上空气向陆上流动,形成海风。夜间,陆地冷却快,气温迅速下降,陆上气压高于海上,陆上空气向海上流动,形成陆风。海风一般比陆风强,最大可达到5~6 m/s左右,水平范围约为15~50 km,垂直厚度约为数百米。我国台湾省海风平均厚度约为500~700 m。陆风风速一般1~2 m/s,水平范围约为10~15 km。热带地区和我国台湾省陆风平均厚度约为200~300 m。在气温日变化和海陆温差较大的地区和季节,海陆风最旺盛。我国东南沿海和台湾省都有比较强盛的海陆风。

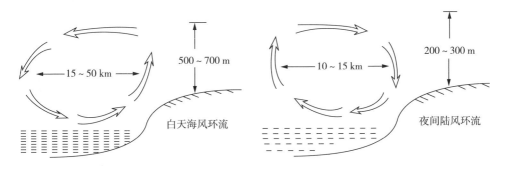

图1-9 海陆风示意图

2. 山谷风

山谷风形成如图1-10所示。

在山谷地区,白天风从山谷吹向山坡,称为谷风;夜间风从山坡吹向山谷,称为山风。山谷风是因为山谷和山坡增温及冷却不均匀所形成的。白天,山坡上的空气比谷地的空气增温快,因而上升,并从山顶上空流向谷地上空;谷底的空气则沿山坡向山顶流动,形成谷风。夜间山顶上冷却较快的空气,顺山坡流入谷地,形成山风。

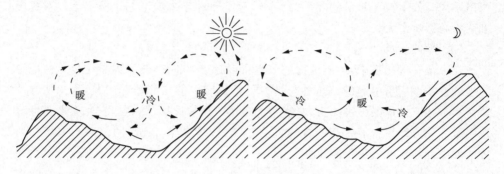

图 1-10　山谷风示意图

谷风的平均速度约 2~4 m/s,个别情况可达 7~10 m/s,山风的速度一般较小。谷风所达到的平均厚度一般为谷底以上 500~1000 m,山风的厚度较薄,通常只有 300 m 左右。

第二章　Python 程序基础

近年来,Python 语言逐渐成为最热门的编程工具之一,在自动化运维、人工智能、科学计算等领域有着广泛的应用。随着 NCL 这一主流气象信息分析工具开始向 Python 转移,MetPy、netCDF4‑python、wrf‑python 等气象扩展库逐渐发展成熟,Python 在气象上的应用越来越广泛,为气象信息显示及融合提供一种高效的工具。

第一节　Python 简介

Python 语言是荷兰数学家吉多·范罗苏姆(Guido van Rossum)在 1989 年圣诞节期间,为打发时间而开发的一种新脚本语言。命名灵感来自 BBC 情景喜剧"蒙提·派森的飞行马戏团"(Monty Python's Flying Circus)。

一、Python 语言发展

直到 2000 年正式发布 2.0 版,Python 语言的使用率相对而言依然很低。虽然 Python 作为一门新编程语言具有很多的优点,但是在实际应用中比其他脚本语言并无决定性优势。相反,由于 Python 对于明确和简单等语言特性的执着追求,相同功能的 Python 程序所需书写的代码量比其他脚本语言更多。这对于已经熟悉其他脚本语言的编程者而言,反而显得累赘。

在 2005 年左右 Python 语言的使用率开始大幅上升,其主要原因是以 NumPy、SciPy 和 Matplotlib 为基础的 Python 科学计算框架的出现。这三个 Python 语言扩展库在科学计算和绘图方面的功能可以替代传统科学计算软件 Matlab 的绝大部分功能。正是因为这三个核心扩展库的出现,Python 从众多脚本语言中脱颖而出,成为科学计算领域最受欢迎的开源工具。

2018 年以来,Python 语言的使用率又迎来一次快速增长,一跃成为世界范围内排名前三的编程语言,这与近几年机器学习,特别是深度学习的广泛应用密切相关。Python 语言的流行除了与其简明、易学的特征密切相关以外,功能强大、简单易用的扩展库的存在是其根本的原因,除了在机器学习领域以及其他理工学科的广泛应用,Python 语言在气象领域的应用也逐渐增多。从 2011 年第 91 届美国气象学会(AMS)年会开始,每年都会举办针对 Python 语言在气象中应用的专场讨论会。同样的,美国地球物理学会(AGU)最近几年开始也在其学术年会中举办 Python 专场讨论会。2019 年 2 月,美国国家大气研究中心(NCAR)决定停止气象数据分析和绘图工具 NCL 的开发,NCL 现有的绘图和资料分析功能都将移植到 Python 语言。

二、Python 语言特征

Python 语言的官方网站这样描述其主要特征:Python 是一门解释性的(interpreted)、交互式的(interactive)、面向对象(object - oriented)的动态(dynamie)编程语言。对于没有动态编程语言使用经验的读者,有必要深入理解 Python 语言以上几个主要特征。

解释性:Python 语言编写的程序,在运行之前没有代码编译的步骤,由 Python 解释器(Python Virtual Machine,PVM)直接运行并返回运行结果。

交互式:Python 语言编写的程序,可以以整个源程序文件为单位运行,也可以以行为单位逐行执行,逐行执行 Python 代码时可实时查看已运行代码的结果。

面向对象:Python 支持面向过程和面向对象两种编程模式,支持创建自定义数据类型及其相应操作。

动态性:与气象科研和业务中其他常用编程语言(C/C++,Fortran)相比,Python 最重要的特性是其"动态性",即 Python 程序的变量名没有类型的概念。变量名表示的数据类型及其可能操作在程序运行过程中是动态变化的。

(一)Python 与脚本语言

Python 语言通常被认为是脚本语言(Script Language)的一种。脚本语言通常指用于自动化执行某些计算机操作的解释性语言。Linux 环境下常用的 Shell(如 bash,tcsh,csh)、Perl 和 Ruby 等都是脚本语言。Python 与这些常用脚本语言的主要区别是:Python 语言最初即按照通用(general purpose)语言进行设计,而其他脚本语言通常是为某种特定使用环境而设计。例如,各种 Shell 脚本语言主要用于与 Linux 内核交互以完成各种系统管理功能,Perl 主要用于文本文件的处理。Python 语言可以实现以上传统脚本语言类似的功能,且同时具备开发大型软件项目的能力。Python 语言已被广泛地应用于以下开发领域,对应领域的主要扩展库为:系统脚本程序(os,sys),桌面应用程序(QT,Wxwidget,MFC),网络应用程序(flask,urllib),数据库开发(sqlalchemy),数值和科学计算(NumPy,Scipy,Matplotlib,Pandas)。

　　Python 语言的广泛应用与其强大丰富的标准库和第三方扩展库密切相关。Python 标准库是 Python 语言自带的功能包,其优点是在正确安装 Python 运行环境之后即可使用,且在不同的计算机操作系统中功能完全一致,非常有利于程序跨平台运行。第三方扩展库是针对特定应用领域、由自由软件开发者编写的 Python 功能包。

(二)Python 与静态语言

　　Python 语言的动态性和解释性是其与气象常用的静态语言的主要区别。编写静态语言程序通常需要先进行全盘的考虑,包括定义哪些变量、确定每种变量的类型等。程序编写完成之后需要确保整个程序无任何语法错误才能完成编译并运行。运行过程中需要进行测试并剔除程序的逻辑错误。这种开发方式适合于程序需完成的功能及其实现步骤都较为明确的情况。如果程序拟实现的功能是试探性的,使用动态语言的优势就更为明显。假设读者当前的任务是以图形的方式反映一组数据的统计特征,但由于在编写代码之前并不确定数据的统计特征是什么,因此无法提前拟定分析步骤和绘图类型。这种情况下使用 Python 语言动态的特性,在编写运行代码过程中逐步确定下一步需实现的目标,更符合实际工作的逻辑。动态性和解释性使得 Python 语言特别适合快速原型开发,即快速试验某一想法或设计是否可行,而不必在程序整体的规划和实现上浪费时间。

　　动态性和解释性在提高开发效率的同时,也给 Python 程序的运行效率带来了负面影响。首先,即使对于一个正确的 Python 程序,每次运行之前仍需经过逐行解释的步骤,这将消耗部分的程序运行时间。而静态语言的编译工作仅需完成一次,执行程序时直接调用之前已编译的机器代码。其次,Python 语言的动态性为访问变量增加了额外的负担。假设 Python 程序某行代码需要访问变量 a,由于变量 a 是动态的,Python 程序需要通过某种机制来确定 a 所表示的数据类型(例如 a 到底是数字还是字符串)及其支持的操作。在 Python 语言中所有的数据都以对象表示,不妨先将对象理解为静态语言中的结构体,这个结构体包含不同的字段以存放对象的类型、实际数据和操作等信息。Python 程序执行过程中,依靠这一结构体确定当前对象的类型及其可能的操作,这一过程通常称为对象解包(unboxing)。即便两个整数相加这样的简单操作,也需要进行多次解包的操作。当程序包含多重嵌套循环时,解包操作可能显著降低 Python 代码的运行速度。

　　实际应用中 Python 程序的执行时间遵循所谓的"帕累托法则",即 20% 的代码占用了 80% 的程序运行时间。合理利用 Python 快速开发的特征以及将部分代码转换为编译代码的功能,可在总体上显著提高 Python 解决实际问题的效率。

三、Python 安装

（一）下载 Python

可以在 Python 官网（https://www.python.org/getit/）上获取 Python 安装文件。进入网站界面后点击"Download Python"按钮，然后根据运行的操作系统选择下载对应的软件版本。下载 Windows 版本的 Python3.9.2 安装包，如图 2-1所示。

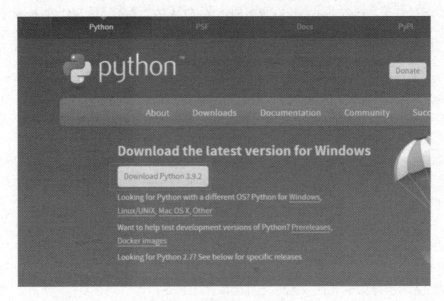

图 2-1　Python 下载界面

（二）安装过程

双击本地硬盘上的 python-3.9.2-amd64.exe 文件进入软件安装界面。在界面下部勾选"Add Python 3.9 to PATH"，在安装过程中会将 Python 解释器加入系统环境变量，便于直接在命令行中直接执行 python 脚本；如果该软件可以被操作系统所有用户使用，则可以勾选"Install Launcher for all users"，如图 2-2所示。

然后点击 Customize installation 进入可选特性（Optional Features）界面，如图 2-3 所示。

在可选特性界面中，有 6 个选择项供用户选择。勾选"Documentaion"可以安装 Python 的文档文件；勾选"pip"可以安装 pip 工具，用来下载和安装第三方 python 包；勾选"tcl/tk and IDLE"可以安装 Python 的标准 GUI 工具包接口 tkinter 和 IDLE 开发环境；勾选"Python test suite"可以安装标准库测试套件；勾选"py launcher"用于安装全局的启动项,便于方便地启动 Python;勾选"for all users"对所有 windows 用户有效。

图 2 - 2 Python 安装界面

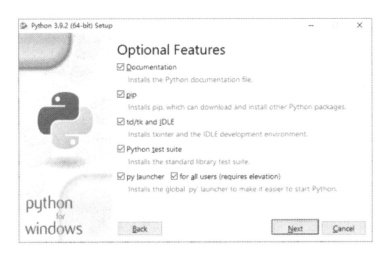

图 2 - 3 可选特性界面

点击"Next"按钮进入高级选项界面,根据需要选择创建快捷方式、添加环境变量和修改默认安装路径等,如图 2 - 4 所示。

点击"Install"进行安装,安装完成后点击"Close"退出安装程序。安装后验证是否安装成功,可以通过开始菜单或快捷键"Win + R"启动"运行"界面,输入"cmd"启动控制台界面。在控制台界面中输入"python",如果能进入交互环境,代表安装成功,否则安装失败,需要重新安装。

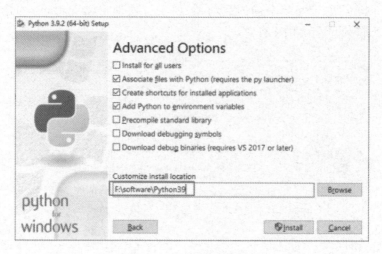

图 2-4 高级选项界面

四、Python 开发环境配置

集成开发环境可以为程序开发者提供 GUI 界面,用于代码编辑、调试和编译,此外还可以提供代码自动补全和语法高亮等辅助功能,提高开发效率。常用的 Python 开发环境有 PyCharm、Spyder、Pydev 和 VScode 等,本书以 VScode 为例进行介绍。

VScode,全称 Visual Studio Code,是 Microsoft(微软)在 2015 年 4 月 30 日发布的,编写现代 web 和跨平台源代码编辑器。VScode 安装包小,启动速度快,体验好,并且有丰富的插件,可以灵活编辑前端代码和后端代码。输入关键词时,从输入第一个字符就开始匹配所有可能的关键词,存在语法错误时,还会显示红色波浪线。

(一)安装 Python 拓展包

正确安装 VScode 后,启动 VScode 软件。在软件界面左侧点击"安装扩展"按钮,并在搜索框输入 Chinese,选择安装中文扩展包。然后在搜索框中继续搜索 Python,加载安装 Python 拓展包,如图 2-5 所示。

(二)在工作区中启动 VScode

因为 VScode 可以搭建多种编程语言环境,所以为了便于区分可以在硬盘中先建立"vscode"文件夹,然后在 vscode 文件夹下创建对应语言的子文件夹。例如对于 C 语言新建"VScode-C"文件夹作为 C 语言的工作区,对于 Python 语言则新建"VScode-Python"文件夹作为 Python 语言的工作区。

因为 VScode 需要为每一个文件夹做单独配置,所以建议把 .vscode 文件夹放

图 2-5 安装 Python 扩展包

到常用的文件夹的顶层,这些配置在工作区内的所有子文件夹和文件都能使用,从而避免重复配置。打开 VScode,选择文件→打开文件夹,打开"VScode-Python"文件夹,完成工作区的启动。

(三)选择 Python 解释器

在 VScode 软件界面中,按下组合快捷键 ctrl+shift+p,然后在编辑栏中输入"python:",选择下图所示的选项,选择 Python 解释器。选择解释器会将 python. python Path 工作空间设置中的值设置为解释器的路径,如图 2-6 所示。

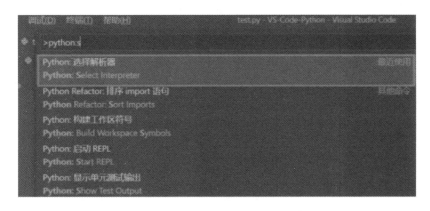

图 2-6 选择解释器

(四)配置并运行调试器

在"VScode-Python"文件夹下新建 test. py 文件测试,输入以下代码并运行:

```
msg = "Hello World!";
print(msg);
```

输出结果如果为 Hello World!,表示环境配置成功。

(五)选择颜色主题

VScode 提供了多种颜色主题供开发者使用。选择和更换颜色主题,可以在 VScode 的菜单上选择文件→首选项→颜色主题,然后在弹出的下拉菜单中选择合适的颜色,通过上下箭头在下拉菜单中移动可以对主题进行预览。除了操作菜单选择主题以外,还可以通过先后按下"Ctrl＋k""Ctrl＋t"快捷键启动主题选择界面。

第二节　Python 基本语法

作为一种编程语言,Python 和 C、C♯ 和 Java 一样,都需要运用不同类型的变量,在规定的语法规则下运行。

一、Python 语法规则

(一)标识符

在 Python 里,标识符由字母、数字、下划线组成。和很多编程语言一样,Python 的标识符不能以数字开头,并且区分大小写。值得注意的是,Python 中以下划线开头的标识符是有特殊意义的。例如,以单下划线开头 _foo 的代表不能直接访问的类属性,需通过类提供的接口进行访问,不能用 from xxx import ＊ 而导入;以双下划线开头的 __foo 代表类的私有成员;以双下划线开头和结尾的 __foo__ 代表 Python 里特殊方法专用的标识,如 __init__()代表类的构造函数。

Python 可以同一行显示多条语句,方法是用分号";"分开,如:

```
>>> print('hello');print('runoob');
```

(二)行和缩进

Python 与其他语言最大的区别就是,Python 的代码块不使用大括号{}来控制类、函数以及其他逻辑判断,而是使用缩进来写模块。缩进的空白数量是可变的,但是所有代码块语句必须包含相同的缩进空白数量,这个必须严格执行。在每个缩进层次可以使用单个制表符、两个空格或四个空格,切记不能混用。例如利用采用四个空格作为缩进:

```
if True:
    print("True")
else:
    print("False")
```

(三)多行语句

Python 语句中一般以新行作为语句的结束符。但是可以使用斜杠(\)将一行的语句分为多行显示,如下所示:

```
total = item_one + \
        item_two + \
        item_three
```

如果一条语句中包含[]、{}或()括号,就不需要使用多行连接符,直接回车换行即可。如下所示:

```
days = ['Monday','Tuesday','Wednesday',
        'Thursday','Friday']
```

Python 也可以同一行显示多条语句,方法是用分号";"分开,如:

```
>>> print('hello');print('runoob');
```

(四)注释

python 单行注释采用#开头,可以在语句或表达式行末。如下所示:

```
#第一个注释
print("Hello,Python!")   #第二个注释
```

python 多行注释使用三个单引号(''')或三个双引号(""")。如下所示:

```
'''
这是多行注释,使用单引号。
这是多行注释,使用单引号。
'''
"""
这是多行注释,使用双引号。
这是多行注释,使用双引号。
"""
```

(五)代码组

缩进相同的一组语句构成一个代码块,我们称之代码组。像 if、while、def 和 class 这样的复合语句,首行以关键字开始,以冒号(:)结束,该行之后的一行或多行代码构成代码组。我们将首行及后面的代码组称为一个子句。如下所示:

```
if expression:
   Suite
elif expression:
   Suite
```

```
else:
  Suite
```

二、Python 变量类型

变量是存储在内存中的值,基于变量的数据类型,解释器会分配指定内存,并决定什么数据可以被存储在内存中。因此,变量可以指定不同的数据类型,这些变量可以存储整数、小数或字符。

(一)标准数据类型

为了便于程序的运行,变成语言需要对多种类型的数据进行存储。Python 定义了五个标准类型,用于存储各种类型的数据,分别是 Numbers(数字)、String(字符串)、List(列表)、Tuple(元组)、Dictionary(字典)。

1. 数字

数字类型用于存储数值,主要包括 int(有符号整型)、long(长整型,也可以代表八进制和十六进制)、float(浮点型)、complex(复数)四种类型。对于已经赋值的数字变量,可以使用 type()方法来查看数据类型,如下所示:

```
a = 1
print(type(a))
```

输出结果为<class 'int'>

long 类型只存在于 Python2. X 版本中,在 2.2 以后的版本中,int 类型数据溢出后会自动转为 long 类型。而在 Python3. X 版本中 long 类型则被移除,直接被 int 替代。

Python 中表示小数的类型只有 float 一种。float 类型一般的表示方法和数学中的小数表示相同,必须包含一个小数点。此外指数表示形式也是小数一种的方式表达,即便其最终值看起来像个整数,如下所示:

```
a = 1.5    #1.5
b = 10.    #10.0
c = 12E2   #1200
```

复数由实数部分和虚数部分构成,Python 中表示复数有两种方法,可以用 $a +bj$ 或者 complex(a,b) 表示。其中,复数的实部 a 和虚部 b 都是浮点型。

2. 字符串

(1)字符串表示

字符串(String)是由数字、字母、下划线组成的一串字符,表示在单引号、双引号或三引号之间。如果在单引号字符串中使用单引号本身,双引号字符串中使用双引号本身,则需要借助转义字符(\),如下所示:

```
print('what \'s your name? ')
```

如果在字符串中使用转义字符(\)本身,则需要在转移字符前再加上一个转义字符,或者给字符串加前缀 r 或 R,如下所示:

```
print('D:\\myWork\\1.txt')
print(r'D:\myWork\1.txt')
```

输出的结果为:

D:\myWork\1.txt

D:\myWork\1.txt

(2)字符串截取

python 的字串列表有 2 种取值顺序:从左到右索引默认 0 开始的,最大范围是字符串长度少 1;从右到左索引默认-1 开始的,最大范围是字符串开头,如图 2-7 所示。

图 2-7　字符串索引示意

从字符串中获取一段子字符串,可以使用[头下标:尾下标]的方式来实现。需要注意的是,截取的字符串不包含尾下标的字符,下标可以为空表示取到头或尾。如下所示:

```
a = 'RUNOOB'
b = a[1:3]
c = a[-5:-3]
d = a[:-3]
e = a[1:]
print(b,c,d,e)
```

输出结果为:UN UN RUN UNOOB

Python 字符串截取可以接收第三个参数作为截取的步长,例如在索引 0 到索引 5 的范围内设置步长为 2(间隔一个位置)来截取字符串:

```
a = 'RUNOOB'
b = a[0:5:2]
print(b)
```

输出结果为:RNO

3. 列表

List(列表)是 Python 中任意对象的有序集合。列表用[ ]标识,列表中的元素使用逗号隔开。列表支持字符、数字、字符串甚至可以包含列表(即嵌套)。

列表中值的截取切割和字符串相类似,也可以用到变量[头下标:尾下标]的方

法截取。从左到右索引默认从 0 开始,从右到左索引默认从 -1 开始,下标为空表示取到头或尾。如下所示:

```
a = ['A','B','C','D','E','F']
b = a[1:3]
c = a[ - 5: - 3]
print(b,c)
```

输出结果为:['B','C']['B','C']

4. 元组

元组类似于 List(列表),不同之处在于元组的元素不能二次赋值,相当于只读列表。元组用()标识,内部元素用逗号隔开。如下所示:

```
tup = ('Google','Runoob','Taobao','Wiki','Weibo','Weixin')
print(tup[1:])
```

输出结果为:('Runoob','Taobao','Wiki','Weibo','Weixin')

5. 字典

字典(dictionary)是除列表以外 python 之中最灵活的内置数据结构类型。字典用"{}"标识,由索引(key)和它对应的值 value 组成。字典和列表之间的区别在于,列表是有序的对象集合,而字典是无序的对象集合,字典中的元素是通过键来存取的,而不是通过偏移存取。如下所示:

```
tinydict = {'Name':'Runoob','Age':7,'Class':'First'}
print("tinydict['Name']:",tinydict['Name'])
print("tinydict['Age']:",tinydict['Age'])
```

字典 tinydict 中的索引分别为'Name'、'Age'和'Class',对应的值分别是'Runoob'、7 和'First'。所以输出的结果为:tinydict['Name']:Runoob 和 tinydict['Age']:7。

(二)变量赋值

Python 的变量赋值不需要类型声明。每个变量在内存中创建,都包括变量的标识,名称和数据这些信息。每个变量在使用前都必须赋值,变量赋值以后该变量才会被创建。

通常使用等号(=)用来给变量赋值。等号(=)运算符左边是一个变量名,右边是存储在变量中的值。如下所示:

```
counter = 100    # 赋值整型变量
miles = 1000.0   # 浮点型
name = "John"    # 字符串
```

以上实例中,100,1000.0 和"John"分别赋值给 counter,miles,name 变量。

除了以上例子中展示的为单个变量赋值,Python 还允许同时为多个变量赋值。如下所示:

```
a = b = c = 1
```

以上示例中,创建一个值为 1 的整型对象,a、b、c 这三个变量被分配到相同的内存空间上。此外,也可以为多个对象指定多个变量。例如:

```
a,b,c = 1,2,"john"
```

上例中,两个整型对象 1 和 2 分别赋值给变量 a 和 b,字符串对象"john"赋值给变量 c。

三、语句与函数

(一)条件语句

条件语句是通过一条或多条语句的执行结果(True 或者 False)来决定执行的代码块。Python 程序语言指定任何非 0 和非空(null)值为 true,0 或者 null 为 false。编程中可用 if 语句来控制程序的执行,基本形式为:

```
if 判断条件:
执行语句
else:
执行语句
```

其中"判断条件"成立时(非零),则执行后面的语句,而执行内容可以多行,以缩进来区分表示同一范围。else 为可选语句,当需要在条件不成立时执行内容则可以执行相关语句。

if 语句的判断条件可以用>(大于)、<(小于)、==(等于)、>=(大于等于)、<=(小于等于)来表示其关系。当判断条件为多个值时,可以使用以下形式:

```
if 判断条件:
执行语句
elif 判断条件:
执行语句
else:
执行语句
```

当 if 有多个条件时,可使用括号来区分判断的先后顺序,括号中的判断优先执行,此外 and 和 or 的优先级低于>(大于)、<(小于)等判断符号,即大于和小于在没有括号的情况下会比与或要优先判断。

(二)循环语句

程序在一般情况下是按顺序执行的,当需要多次执行一个语句或语句组时,可以使用循环语句来实现。Python 常用的循环语句是 while 循环和 for 循环。

1. while 循环

Python 编程中,while 语句用于循环执行程序,即在某一条件下,循环执行某段程序,以处理需要重复处理的相同任务。其基本形式为:

```
while 判断条件:
执行语句
```

执行语句可以是单个语句或语句块。判断条件可以是任何表达式,任何非零或非空(null)的值均为 true。当判断条件为 false 时,循环结束。

while 循环也可以使用 else 语句,表示在循环条件为 false 时执行 else 语句块,如下所示:

```
count = 0
while count<3:
  print(count,"小于 3")
  count = count + 1
else:
  print(count,"大于或等于 3")
```

输出结果为:

```
0 小于 3
1 小于 3
2 小于 3
3 大于或等于 3
```

2. for 循环

for 循环可以遍历任何序列来循环执行语句。序列可以是一个列表或者一个字符串。for 循环的语法格式如下:

```
for 元素 in 序列:
执行语句
```

例如利用 for 循环来历遍列表,代码如下所示:

```
sites = ["Baidu","Google","Runoob","Taobao"]
for site in sites:
    print("循环数据" + site)
print("完成循环!")
```

输出结果为：

循环数据 Baidu

循环数据 Google

循环数据 Runoob

循环数据 Taobao

完成循环！

（三）函数

函数是组织好的，可重复使用的，用来实现单一或相关联功能的代码段。函数能提高应用的模块性和代码的重复利用率。你已经知道 Python 提供了许多内建函数，比如 print()。但你也可以自己创建函数，这被叫作用户自定义函数。

函数代码块以 def 关键词开头，后接函数标识符名称和圆括号()。任何传入参数和自变量必须放在圆括号中间，圆括号之间可以用于定义参数。函数内容以冒号(:)起始，并且缩进。函数可以使用 return[表达式]来结束，从而选择性地返回一个值给调用方，不带表达式的 return 相当于返回 None。如下所示：

```
def 函数名(参数列表):
函数体
    return
```

例如定义一个比较两个数字大小的函数，可以如下表示：

```
def max(a,b):
    if a>b:
        return a
    else:
        return b
```

以定义的 max 为例，调用函数如下表示：

```
print(max(1,2))
```

输出结果为 2。

第三章 弹道气象信息获取

气象保障工作中,可以利用地面观测器材观测获取地面气温、气压、空气相对湿度、风向、风速和地表面温度要素;利用高空气象探测装备探测获取规定时间的高空气温、气压、空气相对湿度以及目标点的仰角、方位角和斜距(高度)数据,也就是直接观测获取方法。

第一节 直接观探测获取

弹道气象信息可以利用以下方法直接观探测获取,分别是常规气象探测、高空气象探测、雷达综合探测、远距离放球气象保障、多站组网综合气象保障。其中前两种是主要方法,后两种是近年来发展或正在发展起来的方法。

(一)常规气象探测

常规气象探测是指采用光学测风经纬仪结合地面探空接收机对空中探空仪进行定位和接收气温、气压、空气相对湿度信号的探测方法,常规气象探测主要包括:单经纬仪观测测风气球测风、基线测风和单经纬仪观测探空气球测风三种方法。

1. 单经纬仪观测测风气球测风

单经纬仪观测测风气球测风又称小球测风,是指施放固定升速测风气球,用光学测风经纬仪跟踪观测,在规定时间读取气球仰角和方位角,用规定时间乘以气球升速获得气球高度,从而对气球定位,再经过计算求取各规定高度上的真风和弹道风的探测方法。固定升速测风气球的升速通常为 200 m/min 或 300 m/min,单经纬仪观测测风气球测风只能完成空中风的观测,通常只能用于补充气象探测。

小球测风第一步需要选择气球规格与颜色,即根据当时情况,选择气球规格,一般使用 30 g 型(200 m/min)或 100 g 型(300 m/min)的测风气球,根据天空背景与云的颜色,选择气球颜色,共有本色、红色或黑色三种颜色,天空背景越深,气球颜色选择越深;第二步需要测量测站气温、气压值,称量气球及附加物重量,查算标准密度升速值和净举力,配好测风平衡器砝码,净举力和平衡器砝码均有昼间、夜间之分;第三步是充灌气球,使气球浮力与测风平衡器砝码平衡;第四步是施放气球,放球时刻开始计时,用光学测风经纬仪连续跟踪测风气球,在规定时间采集或读取气球仰角和方位角数据;第五步是根据采样时间、气球升速、气球仰角和方位角计算风向风速。

小球测风的优点是展开便捷、作业效率高、作业速度快、抗干扰能力强;缺点是只能完成空中风的观测,由于只在静态均匀大气中测风气球具有固定升速,实际大气中气球升速并不是固定的,因而测风精度不高,所以这种方法只在时间比较紧迫和作业环境受到影响无法进行其他探测方式的情况下使用。

2. 基线测风

常规气象探测的第二种方法是基线测风,基线测风又称双经纬仪测风,是指在一条预先开设的观测线两端各开设一个观测点,每个观测点上设置一部光学测风经纬仪,利用两部光学测风经纬仪跟踪观测同一个气球,在规定时间同时读取气球仰角和方位角,交汇定位气球高度,计算风向风速的探测方法。其中预先开设的观测线称为基线,基线在水平面上的投影长度称为基线长度,坐标北到基线之间的夹角称为基线坐标方位角,两个观测点之间的高程差称为基线高程差。

基线测风第一步是选择基线方向和长度,应确保基线方向与所测高空风向尽量正交,基线长度大于探测高度的 1/5;第二步是测量或计算基线长度、基线坐标方位角和基线高程差等基线参数;第三步是选择气球规格与颜色,气球规格的选择没有严格要求,既可以选用 30 g 型或 100 g 型的测风气球,也可选用 300 g 型以上的探空气球,根据天空背景与云的颜色,选择气球颜色;第四步是根据所选气球规格概略配好测风/探空平衡器砝码,充灌好气球;第五步是施放气球,放球时刻开始计时,两部光学测风经纬仪同时连续跟踪测风气球,在规定时间同时采集或读取气球仰角和方位角数据;最后根据采样时间、基线参数、两个观测点的气球仰角和方位角计算风向风速。

基线测风获取的气球高度由基线参数结合两个观测点的观测数据交汇计算得到,因此能够克服小球测风气球高度数据不准确的缺点,具有较高的测风精度。但是在探测准备过程中需要事先测算基线长度、基线坐标方位角和基线高程差等基线参数,在过去受作业器材的限制,主要是采用短基线测量法测量基线参数,作业准备时间较长,作业组织比较烦琐,因此原来炮兵防空兵气象分队在实际保障业务中不常使用基线测风的保障方法,基线测风一般更多在武器装备试验中和检验其他气象探测装备的测风精度时使用。随着北斗手持用户机在部队的配发和普及应用,基线参数可以通过北斗用户机测量两个观测点坐标后计算求取,大大简化了基线测风作业的程序和步骤,基线测风作业方法所具备的作业单元机动灵活、观测点目标小、有利战场生存、电磁隐蔽性好、展开及撤收速度快、作业精度高等优点凸显出来。

3. 单经纬仪观测探空气球探测

常规气象探测的第三种方法是单经纬仪观测探空气球探测,又称大球探测,是指施放携带探空仪的探空气球,用光学测风经纬仪跟踪观测,在规定时间读取气球仰角和方位角;用探空接收机接收和采集空中温、压、湿信号,利用探空数据求取探空气球高度,最后计算各规定高度上的弹道虚温偏差量、弹道空气密度偏差量、弹道风和真风的探测方法。这种方法分为两种,一种是常规大球探测,另一种是数字式大球探测。

(1)常规大球探测

常规大球探测是指施放携带机械式探空仪的探空气球,人工观测和记录气球目标和探空数据,人工或用气象计算器处理探测数据的探测方法。目前国内的机械式探空仪已经停产,这种作业方法已经不具备实际作业条件。

(2)数字式大球探测

数字式大球探测主要依托高空探测车来实施,因此数字式大球探测也称为高空探测车综合气象探测。数字式大球探测测风作业时,数字式光学测风经纬仪跟踪空中探测气球,自动采集各规定时间气球仰角、方位角数据,实时自动传输至数据处理与通信系统;探空作业时高空探测车可与电子(数字)探空仪配套使用,探空信号接收机接收探空仪发回的带有气温、气压、空气湿度信息的无线电探空信号,并自动进行采集、译码和传输信号;数据处理与通信系统自动处理测风和探空数据,实时编制气象通报、高空气象探测报告等保障成果。

高空探测车综合气象探测第一步是架设探测装备,将各车载装备器材合理配置到各阵地单元;第二步是连接电源和通信线缆,供电、探测装备开机,录入各项阵地参数,进行探空仪基值测定,制氢与充灌探空气球,组装、连接探空仪,完成探测前准备工作;第三步是合理选择放球地点,测量、录入放球点和地面瞬时观测数据,施放探空气球,光学测风经纬仪捕获、跟踪气球,探空接收机天线对向目标飞行方向;第四步是光学测风经纬仪连续跟踪目标,在规定时间精确瞄准目标,采集目标仰角、方位角数据,探空接收机接收探空仪传回的气温、气压、空气湿度等探空信号,数据处理与通信系统自动接收、处理地面观测、测风和探空数据,实时编制气象通报、高空气象探测报告等保障成果;第五步是选择合适通信方法和手段,传输上报气象保障成果;第六步是根据保障任务需要,组织撤收或完成下次探测准备工作。

数字式大球探测是一种综合气象探测保障方法,即在一次探测过程中能够完成气温、气压、空气湿度和风向风速全要素探测的保障方法。由于采用自动采集探测数据,实时自动成果整理等手段,该方法遂行气象保障的准确性和时效性较好,装备展开便捷,保障可靠性较高,不自动跟踪探测气球,仅被动接收探空信号,对复杂电磁条件下的战场环境适应性较好,并具有多种通信手段,信息化作战能力较强。在常规气象探测方法中,几种探测方法的主要缺点是受天气及能见度影响较大,当天气条件不好或能见度较低时,将使测风数据达不到探测要求的高度,因此,常规气象探测通常只在天气晴好的气象条件下使用。

(二)高空气象探测雷达综合探测

高空气象探测雷达综合探测简称雷达探测,分为常规高空气象探测雷达探测和全自动高空气象探测雷达探测两种方法。

1. 常规高空气象探测雷达探测

常规高空气象探测雷达探测由人工操纵雷达跟踪携带探空仪的探空气球,人工记录探空、测风数据。常规气象雷达探测能完成全天候综合气象探测保障,保障高度较高,但精度较差,作业组织也比较复杂,随着常规高空气象探测雷达退出现役后,常规气象雷达探测保障模式已经被全自动雷达探测取代。

2. 全自动高空气象探测雷达探测

全自动高空气象探测雷达探测是由雷达连续、自动跟踪空中探空气球携带的探空仪(反射靶),在规定时间自动采集气球的仰角、方位角、斜距和录取探空仪发出的空中气温、气压、湿度信号,自动计算求取各规定高度上弹道偏差量和弹道气象要素诸元的探测方法。全自动高空气象探测雷达探测的作业步骤与数字式大球探测基本相同,只是装备定向、信号调整、数据录入等探测准备过程更为复杂。从装备体制上分,全自动高空气象探测雷达探测包括有源气象探测和无源气象探测两种方法。

(1)有源气象探测

有源气象探测通常是指利用发射电磁波的高空气象探测雷达对探空气球携带的探空仪、反射靶实施跟踪的探测方法。当雷达接收并处理的电磁波是雷达发出的电磁波时,该种探测方式称为一次高空气象雷达探测;当雷达接收并处理的电磁波是空中目标在雷达电磁波激励下产生并发回的电磁波时,该种探测方式称为二次高空气象雷达探测。

有源气象探测能够完成综合气象探测保障,探测精度高,基本不受天候和能见度的影响。但该方法的装备结构庞大、造价昂贵,探测准备时间较长,易被电子侦察、易受电磁干扰,对复杂电磁环境的战场适应性较差。

(2)无源气象探测

无源气象探测是指利用无线电经纬仪、探空接收机等不发射电磁波的气象装备接收探空气球携带的电子探空仪发出的气象信息,对探空仪进行自动跟踪,获取探空仪相对于地面接收设备的仰角、方位角,自动采集探空仪发出的空中气温、气压、湿度等探空数据,实时计算探空仪高度,自动计算求取各规定高度上弹道虚温偏差量、弹道空气密度偏差量、弹道风和真风的探测方法。

无源气象探测虽然具有作业精度稍差、探测准备时间较长的缺点,但其是一种综合气象探测手段,基本不受天候和能见度的影响,装备结构简单、造价便宜,尤其是由于装备本身不发射电磁波,因此不易受到电子侦察和电磁干扰,对复杂电磁环境的战场适应性较强。

高空气象探测雷达综合探测保障具有探测精度高,具备全天候探测能力等优点,但也存在作业准备速度慢、作业单元目标大、展开和转移时间较长、易受电子侦察和电磁干扰等缺点。

(三)远距离放球气象保障

远距离放球气象保障是为隐蔽主阵地配置而采取的一种手段,是在实战中运用和发展起来的一种保障方法。远距离放球气象保障是指以主探测单元为中心,远距离多点配置放球点的一种配置方式,主要目的是隐蔽主探测单元,提高战场生存能力。

远距离放球保障时必须将放球点和主探测装备分散配置,一般选择多个放球点,根据当时气象条件、作战任务和战场环境情况灵活选择放球点。

远距离放球气象保障时首先应设置放球点。以探测单元为中心的圆周上,设置多个放球点,放球点宜高于主探测单元,并且相互通视。由 3~4 人组成一个制氢、放球组,携带制氢设备、原料、气球、探空仪、基测工具和地面气象观测器材,到达放球点制氢、准备探空仪,并负责放球。由于制氢设备较重,可乘坐车辆携带制氢设备前往放球点,然后在放球点与探测单元间建立通信联络,由探测单元指挥放球点放球,并负责目标的跟踪、探空信号接收和成果整理等工作。放球点与主探测单元沟通通信联络后,将放球点距离探测单元的仰角、坐标方位角和水平距离数据,探空仪基值测定数据和瞬时地面气象观测数据传到主探测单元录入和校验,主探测单元协调与指挥本次放球以及下个放球点的位置和放球时间。

远距离放球保障要求放球点与主探测单元分散配置,放球点与主探测单元之间距离较远,对主探测单元指挥与协同放球点作业提出了较高的要求,最重要的一点就是放球与探测的同步进行。在技术层面上,为了实现高空气象要素的准确探测,对于各个放球点以及主探测单元的定位精度提出了很高的要求,以前靠地图、简易连测等手段定位,定位精度低,测量误差大,随着北斗卫星定位导航系统的推广应用,使用北斗车载一体机和北斗手持用户机进行卫星定位,时间短,精度高,能够很好地满足远距离放球的要求。

(四)多站组网综合气象保障

气象装备多站组网综合气象保障就是通过把各种相同或不同体制的气象装备放置在不同的观探测地点,多个气象分队由中心站统一调配、指挥、控制和管理,形成统一、有序的探测单元,获取任务区域内多源气象要素,再将探测数据集中到中心站的数据融合中心进行滤波、加权、相关等融合处理,获得全任务区域最优化气象诸元数据。与单站气象保障模式相比,采用气象装备组网综合气象保障获取的气象要素信息是在多维空间的、互为补充的信息,因而具有更高的保障精度、保障效率、保障时效、保障半径,同时也具有更强的抗电磁干扰和战场生存能力。

气象装备多站组网综合气象保障具有在物理域通过对分散在各地的多个气象分队进行优化布站,实现全保障区域的无缝衔接;在时空域将气象探测装备通过时间、空间统一构成有机的整体,利用网络实现互联互通,确保气象保障的时效性和保障半径;在信息域对各探测装备探测的信息通过关联、融合和分析,实现情报信息最优化处理、共享和综合利用等特点。

第二节　下载获取地面观测数据

国家气象信息中心承担着全球观测基础数据和气象产品的收集分发、气象数据加工处理与归档管理、气象数据产品研发与服务、高性能计算资源调度与并行计算技术支持、气象电子政务技术支持、信息系统基础设施资源管理与服务、信息网络安全防护及业务运行保障等任务职责。在该网站通过不同用户类型的注册即可根据权限获取相关的气象数据。但是在科学研究等领域,通常需要利用世界各个区域的气象数据进行分析,使得单从国家气象信息中心获取显得力不从心,需要通过其他方法获取公开气象数据。美国国家海洋和大气管理局(NOAA)国家环境信息中心(NCEI)由美国国家气候数据中心、美国国家地球物理数据中心和美国国家海洋数据中心合并而成,主要负责提供较全面的大气、海洋和地球物理数据。访问该网站可以方便地获取国际气象交换站提供的全球地面气象观测数据。

一、库准备

在 NCEI 网站上,地面气象观测数据是以年度压缩包形式存储并提供下载的,所以可以利用 Python 的 urllib 库操作网页 URL,并对网页的内容进行抓取处理。

urllib 主要包含四个模块,其中 urllib. request 模块用于打开和读取 URL,urllib. error 模块包含 urllib. request 抛出的异常,urllib. parse 模块用于解析 URL,urllib. robotparser 模块用于解析 robots. txt 文件。下载地面气象观测数据主要应用 urllib. request 模块,该模块定义了一些打开 URL 的方法和类,包含授权验证、重定向、浏览器 cookies 等,可以模拟浏览器的一个请求发起过程。

二、下载地面观测数据

当使用 urllib. request 的 urlopen()方法来打开一个 URL 时,基本调用形式如下:

urllib. request. urlopen(url,data = None,[timeout,] * ,cafile = None,capath = None,cadefault = False,context = None)

其中 url 为访问的网络地址;data 为发送到服务器的其他数据对象,默认为 None;timeout 为访问超时时间;cafile 为 CA 证书,capath 为 CA 证书的路径(使用 HTTPS 使用);cadefault 已经被弃用;context 为 ssl. SSLContext 类型,用来指定 SSL 设置。

当使用 urllib. request 的 urlretrieve()方法直接将远程数据下载到本地时,基本调用形式如下:

urllib. request. urlretrieve(url,filename = None,reporthook = None,data = None)

其中 url 为指定了要下载的文件的网络地址;finename 为保存到本地的路径(如果参数未指定,urllib 会生成一个临时文件保存数据);reporthook 为回调函数,当连接上服务器以及相应的数据块传输完毕时会触发该回调,可以利用这个回调函数来显示当前的下载进度;data 为 post 到服务器的数据,该方法返回一个包含两个元素的(filename,headers)元组,filename 表示保存到本地的路径,header 表示服务器的响应头。

下载地面气象观测数据的代码如下:

```
# 根据开始和结束年度构建时间序列,存入列表中
def daterange(start_year,end_year):
    year_all = []
    while start_year< = end_year:
        year_all. append(int(start_year))
        start_year + = 1
    return year_all
def download_Isd():
    lst = daterange(2022,2022) # 调用函数构建时间序列
    lst_exists = []
    # 调用时间,判断本地文件中是否已经下载了该数据,避免重复下载。
    for i in lst:
        path = 'D:/meteodata/isd/{0}. tar. gz'. format(i)
        if os. path. exists(path):
```

```
            lst_exists.append(i)
            print('%s数据已存在'%i)
        else:
            url = ' https://www.ncei.noaa.gov/data/global - hourly/archive/csv/
{0}.tar.gz'.format(i)
            def progress(block_num,block_size,total_size):
                '''回调函数
                @block_num:已经下载的数据块
                @block_size:数据块的大小
                @total_size:远程文件的大小
                '''
                sys.stdout.write('\r>> Downloading %s %.1f%%' %(path,
                            float(block_num * block_size)/float(total_size)
*100.0))
                sys.stdout.flush()
        try:
            urllib.request.urlopen(url)
            filepath,_ = urllib.request.urlretrieve(url,path,_progress)
            print('{0}.tar.gz数据下载完毕'.format(i))
        except Exception as e:
            print('网站没有{0}.tar.gz数据'.format(i))
```

因为所下载的地面观测数据时压缩文件,为了便于后续直接访问数据,需要对文件进行解压缩。tarfile 模块是 Python 的标准模块之一,能够方便读取 tar 归档文件,还可以处理使用 gzip 和 bz2 压缩归档文件 tar.gz 和 tar.bz2。

tarfile 打开压缩文件的基本调用形式如下:

```
tarfile.open(name,mode,fileobj,bufsize)
```

其中 name 为要打开的压缩文件路径及文件名;mode 为打开方式,例如' r:gz '表示读取 gzip 格式压缩文件,' w:gz '表示打开以 gzip 格式写入;bufsize 表示读取缓存大小。

tarfile 解压缩文件的基本调用形式如下:

```
tarfile.extract(file_name,target_path)
```

其中 file_name 表示压缩文件名,target_path 表示解压路径。

解压缩地面气象观测数据的代码如下:

```
def extract(tar_path,target_path):
    try:
```

```
        tar = tarfile. open(tar_path,"r:gz")
        file_names = tar. getnames()
    for file_name in file_names:
            tar. extract(file_name,target_path)
        tar. close()
except Exception  as e:
    print(e)
```

第三节　下载获取高空探测数据

美国怀俄明大学大气科学系网站提供公开的国际气象交换站高空气象探测数据的查询和显示,但是不提供数据直接下载功能。一般可以通过查询显示高空气象探测数据后,手动在网页上复制相关数据,如果为了更方便快捷获取网页上的数据可以利用 Python 的 Beautiful Soup 库。

一、库准备

Beautiful Soup 是 Python 的一个 HTML 或 XML 的解析库,可以用它来方便地从网页中提取数据。因其操作简单,功能完毕,已成为和 lxml、html6lib 一样出色的 python 解释器,可以为用户灵活地提供不同的解析策略或强劲的速度。因用起来简便流畅,所以也被人叫作"美味汤"。目前 bs4 库的最新版本是 4.40。

BeautifulSoup 默认支持 Python 的标准 HTML 解析库,但是它也支持一些第三方的解析库,对比情况见表 3-1。

表 3-1　各种解析库对比

序号	解析库	使用方法	优势	ZQ 劣势
1	Python 标准库	BeautifulSoup (html,'html. parser')	Python 内置标准库;执行速度快	容错能力较差
2	lxml HTML 解析库	BeautifulSoup (html,'lxml')	速度快;容错能力强	需要安装,需要 C 语言库
3	lxml XML 解析库	BeautifulSoup (html,['lxml','xml'])	速度快;容错能力强;支持 XML 格式	需要 C 语言库
4	html5lib 解析库	BeautifulSoup (html,'html5lib')	以浏览器方式解析,最好的容错性	速度慢

Beautiful Soup 库,可以在控制台界面中利用 pip 下载工具来进行安装。具体命令如下:

```
>>pip install beautifulsoup4
```

二、下载高空气象探测数据

从美国怀俄明大学大气科学系网站自动下载高空气象探测数据,首先需要检索并访问指定年月和时次的数据,然后从网页上抓取文本格式的数据,最后将文本格式数据转换为 CSV 格式,以便于后续的读取处理。

(一)抓取文本格式数据

1. 检索气象数据

获取数据的前提是在网页上检索所需要查询的高空气象探测数据。检索的格式如下所示:

```
http://weather.uwyo.edu/cgi-bin/bufrraob.py? src = bufr&datetime = year - mon -
day%20t:00:00&id = num&type = TEXT:LIST'
```

其中"year"为检索数据的年份,需要四位;"mon"为检索数据的月份,需要两位,缺位前面补零;"day"为检索数据的日期,需要两位,缺位前面补零;"t"为探测的时次,分为 00 和 12 两种。

为了便于自动对检索指令的年月日等信息进行赋值,可利用格式化字符串的方式进行处理。Python 字符串格式化的方法有多种,常用的是"format"方法。它会格式化指定的值并将它们插入到字符串的占位符中,返回格式化的字符串。基本调用格式如下:

```
a = 'my numbers is {0} and {1}'. format(1,2)
```

输出为:"my numbers is 1 and 2"

format 括号内为要插入的值,多个值用逗号隔开;format 前面为模板字符串,需要插入的位置用{}括号数字,数字为要插入值的序号(从 0 开始计数)。

从网站上检索高空气象探测数据的代码如下所示:

```
url = 'http://weather.uwyo.edu/cgi-bin/bufrraob.py? src = bufr&datetime = {0} - {1:
02d} - {2:02d}%20{3:02d}:00:00&id = {4}&type = TEXT:LIST'. format(y,m,d,tt,stn_number)
```

同获取地面气象观测数据类似,需要利用 urllib. request 的 urlopen()方法来打开一个 URL,具体代码如下:

```
try:
    content = urlopen(url). read() ♯打开 url 网址
```

```
except:
    print("Sleeping for 15sec and trying again")  #如果访问错误则休息 15s
    time. sleep(15)
    content = urlopen(url). read()    #15s 后重新打开网址
    ferr = open(ferror,'a')        #将访问错误的网址保存起来
    ferr. write(url + '\n')
    ferr. close()
```

2. 抓取气象数据

在导入 Beautiful Soup 库后,需要初始化参数,再获取 Beautiful Soup 实例对象,通过操作对象来获取解析结果并提取数据。

在实例化的过程中,需要给 BeautifulSoup 这个类传递两个参数,分别为 markup、features。基本调用格式如下:

```
soup = BeautifulSoup(markup,features)
```

"markup"为被解析的 HTML 字符串或文件内容,也就是说 markup 是用来接收需要解析的 HTML 字符串或者文件内容的;"features"用于指定解析器的类型,如果用户没有明确解释器类型,则采用默认解释器。在抓取高空气象探测数据中利用"html5lib"解释器,然后将抓取后的数据转换为文本,最后对文本以换行为标识符进行分割,具体代码如下:

```
soup = BeautifulSoup(content,features = "html5lib")          #实例化
data_text = soup. get_text()                  #抓取文本
splitted = data_text. split("\n",data_text. count("\n"))      #分割文本
```

将高空气象探测数据存储到"splitted"变量中后,可以利用 open 函数和 write 函数将数据保存到硬盘上,以便于后续访问和处理。open 函数基本调用格式如下:

```
fileVariable = open(filename,mode)
```

其中,"fileVariable"为打开后的文件变量;"filename"为要打开的文件名称;"mode"为读写模式。可选择模式见表 3 - 2。

表 3 - 2 open 函数 mode 模式表

模式	描述	若文件不存在	是否覆盖
r	读取	报错	—
r+	可读可写	报错	是
w	只能写	创建	是

（续表）

模式	描述	若文件不存在	是否覆盖
w＋	可读可写	创建	是
a	在文件最后写入	创建	否
a＋	在文件文件最后读写	创建	否

write 函数基本调用格式如下：

```
fileVariable = write(line)
```

其中，"fileVariable"为文件变量，需要提前用 open 函数打开；"line"为要写入的信息。将抓取的高空气象探测数据写入文件的具体代码如下：

```
f = open(Sounding_filename,'w')        ♯创建并打开文本
index = 0
for line in splitted[3：]:              ♯开始循环读取并写入数据
    index = index + 1
    if index＞＝61：                     ♯如果为有效数据，逐行写入文件
        f.write(line + '\n')
f.close()                              ♯写完后关闭文件
```

（二）转换文件格式

CSV 文件是 Python 数据分析较常用的格式，操作起来非常方便，所以建议将下载保存的高空气象探测数据文本文件转换为 CSV 文件。Pandas 是基于 NumPy 的一种工具，该工具是为了解决数据分析任务而创建的。Pandas 纳入了大量库和一些标准的数据模型，提供了高效地操作大型数据集所需的工具，可以很方便地实现 CSV 文件的处理。

Pandas 两大主要数据结构分别是 Series 和 DateFrame。Series 是一种类似于一维数组的对象，它由一组数据（各种 NumPy 数据类型）以及一组与之相关的数据标签（即索引）组成。DataFrame 是一个表格型的数据结构，它含有一组有序的列，每列可以是不同的值类型（数值、字符串、布尔值等）。DataFrame 既有行索引也有列索引，它可以被看作由 Series 组成的字典（共用同一个索引）。

为了便于通过 excel 打开查看 CSV 文件中的数据，需要先给 DataFrame 添加一个表头，然后逐行添加读取的高空气象探测数据。添加表头的代码如下：

```
df = pd.DataFrame(columns = ['pressure','height','temperature','dewpoint','direction',
'speed','u_wind','v_wind','station','station_number','time','latitude','longitude',
'elevation'])
```

其中，' pressure '为气压，' height '为位势高度，' temperature '为气温，' dewpoint '为露点温度，'direction'为风向，'speed'为风速，'u_wind'为风的 u 分量，' v_wind '为风的 v 分量，' station '为气象站名称，' station_number '为气象站号，' time '为探测时间，'latitude '为气象站纬度，' longitude '为气象站经度，' elevation '为气象站高程。

添加完表头后，逐行读取文本探测数据，具体代码如下：

```
f = open(arq,'r')                #打开文本文件
for line in f:                   #循环逐行读取
    line = line. replace("\n","") #读取一行，并去除该行的换行字符
```

例如，气压数值在"line"字符串的前七位，可以截取字符串前七位，再通过 tofloat 函数将气压字符串转换为浮点型。代码如下所示：

```
tofloat(line[0:7])
```

对 DataFrame 的每行数据赋值可以利用 loc 函数查找某行、某列对应的元素，再对该元素进行赋值。loc 函数基本调用格式如下：

```
DataFrame. loc[参数 1,参数 2]
```

其中，参数 1 为 DataFrame 行的序号，从 0 开始计数；参数 2 为某列的表头，如' pressure '。第 0 行气压赋值代码如下：

```
df. loc[0,'pressure'] = tofloat(line[0:7])
```

DataFrame 赋值完毕后可以利用 to_csv 函数保存为 CSV 文件，to_csv 函数基本调用格式如下：

```
DataFrame. to_csv(path_or_buf = None,sep = ',',na_rep = '',float_format = None,columns =
None,header = True,index = True,index_label = None,mode = 'w',encoding = None,compression
= None,quoting = None,quotechar = '"',line_terminator = '\n',chunksize = None,tupleize_cols
= None,date_format = None,doublequote = True,escapechar = None,decimal = '. ')
```

其中，path_or_buf 为文件路径，如果没有指定则将会直接返回字符串的 json；sep 为输出文件的字段分隔符，默认为","；na_rep 用于替换空数据的字符串，默认为''；float_format 为浮点数的格式（几位小数点）；encoding 为编码格式；columns 为要写的列；header 是否保存列名，默认为 True；index 是否保存索引，默认为 True；index_label 为索引的列标签名。例如保存代码如下：

```
df. to_csv(path,encoding = 'utf - 8',index = False)
```

以上代码中，path 为要保存文件的路径和名称，编码格式为' utf - 8 '，不保存索引。

第四节　下载获取数值预报数据

美国国家海洋和大气管理局（NOAA）国家环境信息中心（NCEI）的 NOAA 模式归档和分发系统提供全球模式、区域模式、气候模式、海洋模式和空间天气模式等多种模式数据的检索和下载。其中全球模式 GFS 数据每天发布 4 次全球范围的气象数据，分辨率最高可达到 $0.25° \times 0.25°$。

一、库准备

（一）安装 selenium

Selenium 是一个用于 Web 应用程序测试的工具，它可以直接运行在浏览器中，就像真正的用户在操作一样。支持的浏览器包括 IE7 以上、Mozilla Firefox、Safari、Google Chrome、Opera 和 Edge 等。通过其自动录制功能和自动生成 python 测试脚本功能，可以模拟用户操作浏览器，实现数据的自动下载。

Selenium 库，可以在控制台界面中利用 pip 下载工具来进行安装。具体命令如下：

```
>>pip install selenium
```

Selenium 需要同操作对象（浏览器）型号和版本相对应的驱动配合才能完成相应的工作。Firefox 浏览器驱动为 geckodriver，Chrome 浏览器驱动为 chromedriver，IE 浏览器驱动为 IEDriverServer，Edge 浏览器驱动为 Microsoft-WebDriver，Opera 浏览器驱动为 operadriver。

（二）安装驱动

以使用 Chrome 浏览器为例，需要 ChromeDriver 驱动配合 selenium 来模拟打开谷歌浏览器，进而模拟在谷歌浏览器上的操作。

1. 下载浏览器支持版本

ChromeDriver 驱动相当于是浏览器的入口，Selenium 启动的还是本地事先安装好的 Chrome 浏览器，而且 ChromeDriver 只兼容相应的浏览器版本。因此，在下载前需要确定本地安装的浏览器版本。打开谷歌浏览器，右上角列表，点击"帮助"，点击"关于 Google Chrome"，即可查看 Chrome 浏览器的版本号，如图 3 - 1 所示。

打开 ChromeDriver 网站（http://chromedriver. storage. googleapis. com/index. html），选择相对应的版本，下载到本地硬盘，如图 3 - 2 所示。

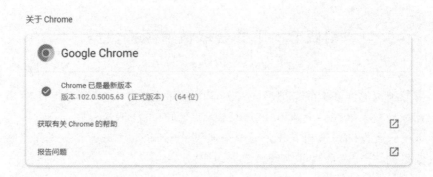

图 3-1　查看浏览器版本

Index of /102.0.5005.27/

Name	Last modified	Size	ETag
Parent Directory			
chromedriver_linux64.zip	2022-05-02 09:00:35	5.93MB	99cad28d15aa33d737cb09aa10a85201
chromedriver_mac64.zip	2022-05-02 09:00:38	7.94MB	49320a4ecb71506e7fc8163b536fac30
chromedriver_mac64_m1.zip	2022-05-02 09:00:40	7.20MB	d971000ea672c69c0801335e64e9185f
chromedriver_win32.zip	2022-05-02 09:00:43	6.07MB	f5914ee0348628b0a18a8f9937a8d3fe
notes.txt	2022-05-02 09:00:48	0.00MB	64366438c489171144abc74e131283d3

图 3-2　下载 ChromeDriver

2. 文件安装(放置)位置

可以把 ChromeDriver 文件理解成一个脚本入口。将下载的 chromedriver. exe 文件复制到选定的文件夹下即可完成安装。

3. 测试安装是否成功

可以用如下代码测试是否能正常运行,如果弹出指定网页界面,说明安装成功,否则说明安装不成功。

```
from selenium import webdriver
chromedriver = "D:\\meteodata\\gfs\\chromedriver"      #驱动程序所在的位置
driver = webdriver. Chrome(executable_path = chromedriver)#实例化
driver. get("https://www. baidu. com")                 #打开网址
```

二、下载 GFS 数据

GFS 数据来自美国国家环境预报中心的 GFS(全球预报系统),该系统每天发布 4 次全球范围的气象数据,分辨率最高可达到 $0.25°×0.25°$,精度较高。每次发布的数据保存在命名为 gfs. YYYYMMDDHH 的文件夹中。如果需要下载的数据精度为 0.25°(0p25),则数据的文件名为:

gfs. t{HH}z. pgrb2. 0p25. f{XXX}。

其中 HH 表示发布的时间,XXX 表示未来小时的预报数据。例如 gfs. t00z. pgrb2. 0p25. f001 表示 0 时发布的未来 1 小时气象数据信息。

NOAA 模式归档和分发系统提供数据筛选和下载功能。例如下载 2022 年 6 月 16 日 00 时发布的未来 12 小时的 0p25 精度 gfs 数据,可以直接通过浏览器访问以下网址下载获取:

https://nomads. ncep. noaa. gov/cgi – bin/filter_gfs_0p25. pl? file = gfs. t00z. pgrb2. 0 p25. f012&all_lev = on&all_var = on&leftlon = 0&rightlon = 360&toplat = 90&bottomlat = − 90&dir = %2Fgfs. 20220616 %2F00 %2Fatmos

其中,leftlon、rightlon、toplat 和 bottomlat 分别为数据的经纬度范围,可以根据用户需要进行自定义,纬度范围为 0°~360°,经度范围为−90°~90°;&all_lev = on 表示下载所有数据层数据,此外还可以根据需要指定下载的层,如果只下载 1000mb 层的数据,则替换为 &lev_1000_mb = on;&all_var = on 表示下载所有变量,此外还可以根据需要指定下载的变量,如果只下载气温变量,则替换为 &var_TMP = on。典型变量缩写及含义对照见表 3 − 1。

表 3 − 1　GFS 典型变量缩写及含义对照

变量缩写	变量全称	中文含义
ABSV	Absolute Vorticity	绝对涡度
APTMP	Apparent Temperature	体感温度
CAPE	Convective Available Potential Energy	对流可用位能
CPOFP	Percent frozen precipitation	冻结降水百分比
DPT	Dew Point Temperature	露点温度
FLDCP	Field Capacity	土壤融水量
FRICV	Frictional Velocity	摩擦速度
GRLE	Graupel	霰
GUST	Wind Speed(Gust)	阵风风速
HCDC	High Cloud Cover	高云量
HGT	Geopotential Height	位势高度
HPBL	Planetary Boundary Layer Height	行星边界层高度

（续表）

变量缩写	变量全称	中文含义
ICAHT	ICAO Standard Atmosphere Reference Height	国际民航组织标准大气参考高度
ICEC	Ice Cover	冰量
ICEG	Ice Growth Rate	冰增长率
ICETK	Ice Thickness	冰厚
ICETMP	Ice Temperature	冰温
ICMR	Ice Water Mixing Ratio	冰水混合比
LAND	Land Cover(0＝sea,1＝land)	陆地覆盖(0＝海洋,1＝陆地)
LCDC	Low Cloud Cover	低云量
LFTX	Surface Lifted Index	表面提升指数
MCDC	Medium Cloud Cover	中云量
MSLET	MSLP(Eta model reduction)	MSLET MSLP(Eta 模型简化)
O3MR	Ozone Mixing Ratio	臭氧混合比
POT	Potential Temperature	潜热
PRES	Pressure	气压
REFC	Composite reflectivity	复合反射率
REFD	Reflectivity	反射系数
RH	Relative Humidity	相对湿度
RWMR	Rain Mixing Ratio	雨水混合比
SFCR	Surface Roughness	表面粗糙度
SNMR	Snow Mixing Ratio	雪混合比
SNOD	Snow Depth	雪深
SOILL	Liquid Volumetric Soil Moisture(non Frozen)	土壤液体体积土壤水分(非冻结)
SOILW	Volumetric Soil Moisture Content	土壤体积含水量
SOTYP	Soil Type	土壤类型
SPFH	Specific Humidity	比湿
SUNSD	Sunshine Duration	日照时数
TCDC	Total Cloud Cover	总云量
TMP	Temperature	气温

（续表）

变量缩写	变量全称	中文含义
TSOIL	Soil Temperature	土壤温度
UGRD	U – Component of Wind	风的 U 分量
USTM	U – Component Storm Motion	U 分量风暴运动
VEG	Vegetation	植被
VGRD	V – Component of Wind	风的 V 分量
VIS	Visibility	可见光能见度
VSTM	V – Component Storm Motion	V 分量风暴运动

下载 GFS 数据具体代码如下：

```
chromedriver = "D:\\meteodata\\gfs\\chromedriver"          # 动程序所在的位置
os. environ["webdriver. chrome. driver"] = chromedriver     # 驱动程序路径计入
                                                               到系统路径中
chromeOptions = webdriver. ChromeOptions()                  # 建 Chrome 浏览器配
                                                               置对象实例
prefs = {"download. default_directory":"D:\\meteodata\\gfs"}   # 设定下载文件的保
                                                                 存目录
chromeOptions. add_experimental_option("prefs",prefs)       # 添加自定义设置
driver = webdriver. Chrome(chromedriver,
chrome_options = chromeOptions)                             # 启动浏览器
path = 'https://nomads. ncep. noaa. gov/cgi – bin/
filter_gfs_0p25_1hr. pl? file = gfs. t{1}z. pgrb2. 0p25. f{0}
&all_lev = on&all_var = on&leftlon = {3}&rightlon = {4}
&toplat = {5}&bottomlat = {6}&dir = % 2Fgfs. {2} % 2F{1}
% 2Fatmos'. format(i,j,day,leftlon,rightlon,toplat,bottomlat)
driver. get(path)                                           # 开始下载
driver. quit()                                              # 退出
```

第四章　气象信息显示技术及实践

　　气象数据的图形化显示,对揭示气象数据所蕴含的信息和规律具有重要的作用,也是科学研究和业务成果最终呈现的具体形式。气象数据可以分为标量数据和矢量数据两种,气温、气压和相对湿度等属于标量数据,风属于矢量数据。对于标量数据通常可使用曲线、等值线和填色图等方式进行显示,矢量数据通常可以使用风羽图和矢量箭头等方式显示。

第一节　数据文件读取

　　气象数据的存储格式有很多种,但是因为 CSV 和 GRIB2 格式不存在操作系统兼容性问题,操作简单且压缩率较高,被较广泛使用。本章主要介绍如何利用 Python 对 CSV 和 GRIB2 文件读取。

一、读取 CSV 文件

(一)CSV 文件简介

　　CSV 表示逗号分隔值(Comma - Separated Values,CSV),有时也称为字符分隔值,因为分隔字符也可以不是逗号),其文件以纯文本形式存储表格数据(数字和文本)。CSV 文件由任意数目的记录组成,记录间以某种换行符分隔;每条记录由字段组成,字段间的分隔符是其他字符或字符串,最常见的是逗号或制表符。通常,所有记录都有完全相同的字段序列,都是纯文本文件。

　　CSV 文件格式并没有通用标准,但是在 RFC 4180 中有对其基础性的描述。使用的字符编码方式同样没有明确指定,但是通常采用的是 ASCII 和 utf - 8 编码。CSV 文件可以用 Excel 电子表格打开、编辑,但是缺少 Excel 电子表格的许多功能。例如,CSV 文件中的值没有类型,所有数据都是字符串;没有字体大小或颜色的设置;没有多个工作表;不能指定单元格的宽度和高度;不能合并单元格;不能嵌入图像或图表。CSV 文件的优势是简单,因此被许多种类的程序广泛地支持,可以方便地在文本编辑器中查看。

(二)读取 CSV 文件方法

1. Python 自带 csv 模块

因为 CSV 文件就是文本文件,所以可以将它们读入一个字符串,然后处理这个字符串。如果 CSV 文件中的每个单元格是采用逗号分隔的,那么可以对每行文本调用 Python 的 split()方法来取得这些值。但并非 CSV 文件中的所有逗号都表示两个单元格之间的分界,因为 CSV 文件也有自己的转义字符,允许逗号和其他字符作为值的一部分。所以 split()方法不能处理完全这些转义字符,可以使用 Python 自带的 csv 模块来读写 CSV 文件。

(1)open()函数

要用 csv 模块读取 CSV 文件,首先用 open()函数打开它,就像打开任何其他文本文件一样。open 打开 CSV 文件的基本调用形式如下:

```
f = open(filename,'r',newline = '',encoding = 'utf - 8')
```

其中,f 为 open()返回的 File 对象;filename 为要打开的 CSV 文件路径;'r'表示文件读写模式为读取;encoding='utf-8'表示文件编码格式为 utf-8。

(2)reader()函数

csv 模块不需要在 open()返回的 File 对象上调用 read()或 readlines()方法,而是将它它传递给 csv. reader()函数。reader 函数的基本调用形式如下:

```
reader(csvfile,dialect = 'excel', * * fmtparams)
```

其中,csvfile 为 open()函数返回的文件对象,是支持迭代(Iterator)的对象;dialect 为编码风格,默认为 excel 的风格,也就是用逗号(,)分隔,编码风格也可以通过调用 register_dialect 方法来注册;fmtparam 为格式化参数,用来覆盖之前 dialect 对象指定的编码风格。打开并读取 CSV 文件的具体代码如下:

```
with open('test. csv','r')as myFile:      ♯打开文件
    lines = csv. reader(myFile)          ♯读取文件
    for line in lines:                    ♯循环读取每行数据
        print line
```

(3)register_dialect()函数

register_dialect()函数用来自定义 dialect。基本调用形式如下:

```
register_dialect(name,[dialect,] * * fmtparams)
```

其中,name 为自定义的 dialect 的名字,比如默认的是'excel',可以定义成'mydialect';[dialect,] * * fmtparams 为 dialect 的格式参数,有 delimiter(分隔

符,默认的就是逗号)、quotechar、quoting 等。例如：

```
register_dialect('mydialect',delimiter = '|',quoting = csv.QUOTE_ALL)
```

上面一行程序自定义了一个命名为 mydialect 的 dialect,参数只设置了 delimiter 和 quoting 这两个,其他的仍然采用默认值,其中以'|'为分隔符。

2. Pandas 模块

Pandas 是基于 NumPy 的一种工具,该工具是为解决数据分析任务而创建的。Pandas 纳入了大量库和一些标准的数据模型,提供了高效地操作大型数据集所需的工具。Pandas 可以很方便地处理 CSV 文件,并根据参数要求返回指定格式的数据,其中最常用的是返回 DataFrame 格式数据。

read_csv()是读取 csv 文件的函数,基本调用形式如下：

```
pd.read_csv(filepath_or_buffer,header,parse_dates,index_col)
```

其中,filepath_or_buffer 为要读取的文件名或任何对象的 read()方法；header 将行号用作列名,例如,header＝None 表示指定原始文件数据没有列索引,这样 read_csv 为其自动加上列索引{从 0 开始},header＝0 表示文件第 0 行(即第一行,索引从 0 开始)为列索引；parse_dates 可以为布尔类型值、int 类型值的列表、列表的列表或字典,如果为 True 表示尝试解析索引,如果为 int 类型值组成的列表(如[1,2,3])表示作为单独数据列,分别解析原始文件中的 1,2,3 列,如果为由列表组成的列表(如[[1,3]])表示将 1,3 列合并,作为一个单列进行解析,如果为字典(如{'foo':[1,3]})表示解析 1,3 列作为数据,并命名为 foo；index_col 为 int 类型值、序列或 FALSE,用于将真实的某列当作 index(列的数目,列名)。

例如 csv 文件的数据(表 4－1)如下：

表 4－1 csv 文件的数据

pressure	height	temperature	dewpoint	direction	speed
1003	66	23.6	22.2	110	8
1000	94	23.4	21	85	8

读取露点温度和气温数据的具体代码如下所示：

```
if os.path.isfile(path):              # 判断 csv 文件是否存在
    df = pd.read_csv(path)            # 读取文件为 DataFrame 格式
    Td = df['dewpoint'].values        # 读取露点温度的值到 list
    t = df['temperature'].values      # 读取气温的值到 list
```

二、读取 GRIB2 文件

（一）GRIB2 文件简介

GRIB 是由世界气象组织（World Meteorological Organization，WMO）的基本系统委员会（Commission for Basic Systems，CBS）在 1985 年定义的二进制文件格式，用于大量格点数据的交换，广泛应用于编码由数值天气预报模式（Numerical Weather Prediction models）生成的数据。GRIB 最初是 GRIdded Binary 的缩写，后来被扩展为 General Regularly‐distributed Information in Binary form。GRIB 格式是面向二进制的数据交换格式，无法直接阅读，需要使用软件进行解码和编码。

GRIB2 为 GRIB 格式的第二个版本，其中编码资料主要分为 9 段（表 4 - 2）。

表 4 - 2　GRIB2 编码资料

section 段号	section 名称	section 内容
section 0	指示段	包含 GRIB、学科、GRIB 码版本号、资料长度
section 1	标识段	包含段长、段号，应用于 GRIB 资料中全部加工数据的特征
section 2	本地使用段	包含段长、段号，由编报中心附加的本地使用的信息
section 3	网格定义段	包含段长、段号、网格面和面内数据的几何形状定义
section 4	产品定义段	包括段长、段号、数据的性质描述
section 5	数据表示段	包括段长、段号、数据值表示法描述
section 6	位图段	包括段长、段号，以及指示每个格点上的数据是否存在
section 7	数据段	包括段长、段号、数据值
section 8	7777	只含有"7777"4 个字符

GRIB2 能传输多个网格场数据，也能描述在时间和空间方面的多维网格数据。在 GRIB2 中若是 3 段到 7 段循环，即允许在一个 GRIB2 资料中包含多个格点场、多个产品、多个参数数据（如果本地使用段需要定义，2 段到 7 段也可循环）。如果需要在同一个格点场传送多个产品参数，就可以重复 4 段到 7 段。

GRIB2 广泛使用模板，3 段使用网格定义模板，4 段使用产品定义模板，5 段使用数据表示模板。网格定义模板包含等距圆柱面（正方形平面）、墨托卡、极射赤面投影、兰伯特正形、高斯经纬度、球谐函数系数、空间观察的透视和正射、基于二十面体的三角形、赤道方位角的等距投影、在水平面上有相等间隔点的剖面、在水平面上有相等间隔点的槽脊图以及时间剖面等类型的网格。产品定义模板包含分析预报、单项集合预报、概率预报、导出预报、百分比预报、雷达产品、卫星产品等产品类型。

在 GRIB2 中，模板、码表管理更清晰，它们都根据所在的段来进行编号，而且根据功能和方向的不同进行分离。这些丰富的模板使得 GRIB2 可以对一些新的产品进行编码,例如集合预报系统的产品,长期预报、气候预测、集合海浪预报或者交通模型、剖面段和槽脊类型图。GRIB2 能够展现目前可用的新产品,而且为扩展和增加提供方便的途径。GRIB2 的结构比 GRIB1 更加体现了模块化和面向对象性,更具灵活性和可扩展性。在 GRIB2 中,当需要传输一个新的参数或者新的数据类型时,新的元素只需要添加到新的表中去,这样就充分体现了灵活性。无需开发新的软件,处理过程和流程是固定的,只要扩充表就可以,这使得当新产品或者新参数需要增加时软件维护更加容易,充分体现了可扩展性。

GRIB2 提供更多的压缩方式,特别是对谱数据和图像数据的支持(体现在数据表示模板),包含格点数据的简单压缩、复杂压缩和空间差分压缩方式,还有谱数据的简单压缩方式和对球谐函数数据的复杂压缩。最重要的是还采用了图像压缩方式(JPEG2000 和 PNG 压缩算法)。这两种压缩算法不仅能够提供对图像数据的支持,例如雷达产品和卫星产品,而且其他格点数据也可以使用它们来对格点数据进行压缩,以获得理想的精度。

(二)读取 GRIB2 文件方法

了解了 GRIB2 文件编码方法后,可以自己编写代码读取文件中的数据,也可以利用现成的工具来读取文件。因为现成的读取工具较为成熟,读取效率较高,使用方便,所以建议使用 ecCodes 或 wgrib2 等工具来读取。下面主要介绍利用 ecCodes 读取 GRIB2 文件的方法。

ecCodes 是由 ECMWF 开发的软件包,它提供了一个应用程序编程接口和一组工具。ecCodes 的前身是 GRIB - API,对于 GRIB2 编码/解码提供了与 GRIB - API 同样的功能。ecCodes 现在是 ECMWF 使用的主要 GRIB2 编码/解码包,并且从 2018 年 12 月开始停止对 GRIB-API 的维护。

ecCodes 可以方便地对 GRIB1 和 GRIB2 等格式的数据进行解码和编码,并且提供 Fortran90、C 语言和 Python 的 API 接口,可方便灵活地被调用。以 Python 为例,通过 pip install eccodes 命令可以很方便地安装 ecCodes。

1. 打开文件

以指定打开方式下("读"或"写"),打开一个或多个 GRIB2 文件。打开文件利用 open()函数,具体方法和打开其他文件方法相同,具体代码如下:

```
with open(file_path,'rb')as f:
```

通过以上代码可以有效地容错。如果读取不存在的文件,就会显示出一个 IOError 的错误,并且给出错误码和详细的信息告诉文件不存在。

2. 加载文件

利用 codes_grib_new_from_file 或 codes_new_from_index 加载 GRIB2 messages 到内存,通过返回的 identifier 对已加载的 GRIB2 messages 进行操纵。

codes_grib_new_from_file 函数通过文件来加载数据,基本调用格式如下:

```
codes_grib_new_from_file(fileobj,headers_only = False)
```

其中,fileobj 为打开的 GRIB2 文件对象,headers_only 表示是否仅加载包含标题的信息,默认为否。具体代码如下所示:

```
handle = eccodes. codes_grib_new_from_file(f,headers_only = False)
if handle is None:
    print("ERROR:unable to create handle from file " + file_path)
    sys. exit( - 1)
```

codes_new_from_index 函数通过键值加载数据。在调用此函数之前,必须选择属于索引的所有键。对此函数的连续调用将返回与选择索引键值时定义的约束兼容的所有句柄。基本调用格式如下:

```
codes_new_from_index(indexid)
```

其中 indexid 表示要索引的某个键值。具体代码如下所示:

```
index_keys = ["shortName","level","number","step"]
index_file = "my. idx"
iid = None
if os. path. exists(index_file):
    iid = codes_index_read(index_file)
else:
    iid = codes_index_new_from_file(INPUT,index_keys)
while 1:
    gid = codes_new_from_index(iid)
        if gid is None:
                break
```

3. 解码

调用 codes_get 函数对已加载的 GRIB2 messages 进行解码,并可以使用参数 ktype 指定返回类型(int,str 或 float)。codes_get 基本调用方法如下:

```
value = codes_get(gid,key,ktype = None)
```

其中,gid 为已经加载 GRIB2 文件的对象,key 为键名,ktype 指定想要输出的类型(int,float 或 str),如果未指定,则为本机类型。具体代码如下:

```
date = eccodes. codes_get(handle,"dataDate")
type_of_level = eccodes. codes_get(handle,"typeOfLevel")
level = eccodes. codes_get(handle,"level")
```

```
values = eccodes. codes_get_array(handle,"values")
value = values[ - 1]
values_array = eccodes. codes_get_values(handle)
value_array = values[ - 1]
print(date,type_of_level,level,value)
```

也可以使用 codes_get_array 解码并返回以 NumPy ndarry 或 Python 数组格式的内容,但此时 ktype 只能是 int 或 float。

4. 获取最近格点数据

为了快速地获取距离某个站点最近的格点数据,可以使用 codes_grib_find_nearest 函数来实现。codes_grib_find_nearest 函数基本调用方法如下:

```
codes_grib_find_nearest(gid,inlat,inlon,is_lsm = False,npoints = 1)
```

其中,gid 为已经加载 GRIB2 文件的对象;inlat 为选定点的纬度;inlon 为选定点的经度;is_lsm 表示是否需要最近的陆地点,是为 True,否则为 False;npoints 表示返回最近点的数量,可以为 1~4,当 npoints=4 时将返回 4 个最近邻点的数据。例如获取离经度 116.46、纬度 39.92 最近的 1 个网格点数据,具体代码如下:

```
points = eccodes. codes_grib_find_nearest(handle,39.92,116.46,False,1)
point = points[0]                              # 从返回数组中取值
print(point. lat,point. lon,point. value,point. distance)# 显示最近点包含的数据
```

第二节　数据曲线显示

Matplotlib 库是 Python 中最常用的可视化工具之一,因为开发过程中参考了 Matlab 软件,因此得名。它提供了一整套和 Matlab 相似的命令 API,十分适合交互式地进行制图,而且也可以方便地将它作为绘图控件,嵌入 GUI 应用程序中。开发者仅需要几行代码就可以非常方便地创建绘图、直方图、功率谱、条形图、错误图、散点图等 2D 图表和一些基本的 3D 图表。

一、准备数据

利用常用的 open 函数打开存储气象数据的 csv 文件,并逐行读取日期、气温 1 和气温 2 三个变量,并存储在 x、y_1、y_2 这三个变量中。具体代码如下所示:

```
import csv
from matplotlib import pyplot as plt
from datetime import datetime
```

```
file_name = 'sitka_weather_07 - 2014. csv'
with open(file_name)as f：
reader = csv. reader(f)
header_row = next(reader)
dates,highs,lows = [],[],[]
for row in reader：
current_date = datetime. strptime(row[0],'%Y - %m - %d')
x. append(current_date)
y = int(row[1])
y1. append(y)
y = int(row[3])
y2. append(y)
```

二、绘图

利用 Matplotlib 创建空白画布使用 plt. figure( )函数,基本调用方法如下：

```
plt. figure(num = None, figsize = None, dpi = None, facecolor = None, edgecolor = None,
frameon = True)
```

其中,num 为图像编号或名称,如果输入数字表示编号,如果输入字符串表示名称;figsize 用于指定 figure 的宽和高,单位为英寸;dpi 用于指定绘图对象的分辨率,即每英寸多少个像素,缺省值为 80;facecolor 用于指定背景颜色;edgecolor 用于指定边框颜色;frameon 用于指定是否显示边框。

绘制直线、曲线、标记点使用 plt. plot( )函数,基本调用方法如下：

```
plt. plot(x,y,ls,lw,lable,color)
```

其中,x、y 表示绘图点位坐标;ls 设置线型 linestyle;lw 设置线宽 linewidth;lable 设置标签文本内容;color 设置绘图颜色。线条颜色(color)的设置,' b '代表蓝色、' g '代表绿色、' r '代表红色、' c '代表青色、' m '代表品红、' y '代表黄色、' k '代表黑色、' w '代表白色。线形 linestyle 的设置,'一'代表实线样式、'一一'代表虚线样式、'一. '代表破折号一点线样式、':'代表虚线样式。

绘制散点图使用 plt. scatter( )函数,基本调用方法如下：

```
plt. scatter(x,y,c,marker,label,color)
```

其中,x、y 为相同长度的序列,表示散点坐标;c 设置单个颜色字符或颜色序列;marker 设置标记的样式,默认的是' o ';label 设置标签文本内容;color 设置绘图颜色。标记 marker,'. '代表点标记、','代表像素标记、' o '代表圆圈标记、' v '代表 triangle_down 标记、'ˆ'代表 triangle_up 标记、'<'代表 triangle_left 标记、'>'代表

triangle_right 标记、'1'代表 tri_down 标记、'2'代表 tri_up 标记、'3'代表 tri_left 标记、'4'代表 tri_right 标记、's'代表方形标记、'p'代表五边形标记、'*'代表星形标记、'h'代表 hexagon1 标记、'H'代表 hexagon2 标记、'＋'代表加号标记、'x'代表 x 标记、'D'代表钻石标记、'd'代表 thin_diamond 标记。

绘制条形图使用 plt. bar()函数，基本调用方法如下：

```
plt. bar(x,height,width,bottom)
```

其中，x 为一个标量序列，确定 x 轴刻度数目；height 确定 y 轴的刻度；width 单个直方图的宽度；bottom 设置 y 边界坐标轴起点；color 设置直方图颜色。

绘制饼状图使用 plt. pie()函数，基本调用方法如下：

```
plt. pie(x,explode,labels,autopct,shadow = False,startangle)
```

其中，x 设置各个饼块的尺寸，类 1 维数组结构；explode 设置每个饼块相对于饼圆半径的偏移距离，取值为小数，默认值为 None；labels 设置每个饼块的标签，默认值为 None；autopct 设置饼块内标签，可以为 None、字符串或可调用对象，如果值为格式字符串，标签将被格式化，如果值为函数，将被直接调用；shadow 设置饼图下是否有阴影，默认值为 False；startangle 设置饼块起始角度，即从 x 轴开始逆时针旋转的角度，默认值为 0。

添加图形标题使用 plt. title()函数，基本调用方法如下：

```
plt. title(label,fontdict = None,loc = None,pad = None, * ,y = None, * * kwargs)
```

其中，label 设置标题的文本；fontdict 设置标题外观；loc 设置标题显示的位置；pad 设置标题与轴顶部的偏移量，以点为单位；y 设置标题的垂直轴浮动；* * kwargs 设置文本属性。

除了以上函数，Matplotlib 还内置了其他函数用于优化绘图。plt. xlabel (string)用于在当前图形中添加 x 轴名称，可以指定位置、颜色、字体大小等参数；plt. ylabel(string)用于在当前图形中添加 y 轴名称，可以指定位置、颜色、字体大小等参数；plt. xlim(xmin,xmax)用于指定当前图形 x 轴的范围，只能确定一个数值区间，而无法使用字符串标识；plt. ylim(ymin,ymax)用于指定当前图形 y 轴的范围，只能确定一个数值区间，而无法使用字符串标识；plt. xticks()用于指定 x 轴刻度的数目与取值；plt. yticks()用于指定 y 轴刻度的数目与取值；plt. legend()用于指定当前图形的图例，可以指定图例的大小、位置、标签。

示例代码如下：

```
plt. plot(x,y1,label ='yesterday',color ='r',linestyle ='- -')
plt. plot(x,y2,label ='today',color ='r',linestyle ='-')
plt. xlabel("Oct",fontproperties = font)
```

plt. ylabel("Temperture/(℃)",fontproperties = font)

绘制的曲线如图 4 - 1 所示。

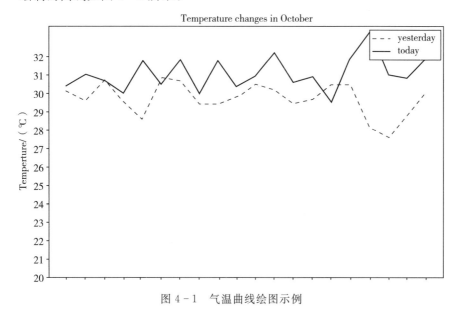

图 4 - 1　气温曲线绘图示例

第三节　矢量数据显示

风数据是气象数据中典型的矢量数据,既可以以风向、风速为变量进行表示,也可以以 U 分量、V 分量为变量进行显示,并且两种表示方法可以方便地进行转换。为了便于进行矢量数据显示,通常将风向、风速表示方法转换为 U、V 分量表示方法,然后根据业务需要进行风羽图、风玫瑰图或矢量箭头等形式的显示。

一、表示方法转换

（一）风向、风速转换为 UV 分量

风是矢量,既有大小又有方向,风的大小就是风速,风的方向就是风向（风的来向）。风的矢量分解如图 4 - 1 所示。

图中,OP 为风矢量,则可以分解为南北分量 V 和东西分量 U,北向和东向为正。OP 的长度为风速,风的来向 $Φ$ 为风向,那么风的 UV 分量分别可以通过以下公式计算:

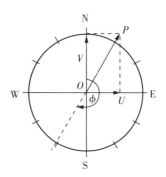

图 4 - 2　风的矢量分解

$$U=-OP\sin(\Phi)$$

$$V=-OP\cos(\Phi)$$

Python 的具体代码如下：

```
import numpy as np
deg = 180. 0/np. pi
rad = np. pi/180. 0
u = − wspd * np. sin( wdir * rad)
v = − wspd * np. cos( wdir * rad)
```

（二）UV 分量转换为风向、风速

因为风向的象限判断较为复杂，在具体计算中可以利用现成的 MetPy 等气象工具包来进行计算。MetPy 在气象上的应用主要包含气象相关诊断分析计算和绘图应用两方面。诊断分析计算模块 metpy. calc 涵盖了干热动力、湿热动力、探空、动/热力、边界层/湍流等 10 个分支上百种诊断计算量，并且通过 metpy. units 模块，实现对输入输出量的单位控制。另外通过 metpy. interpolate 模块，可方便实现诸如到单点、格点、垂直等高面、垂直剖面等多维度的，多类型的插值计算。利用 metpy. calc 将 UV 分量转换为风向、风速的具体代码如下：

```
from metpy. units import units
import metpy. calc as mpcalcdata_u = units. Quantity(u,' m/s')
data_v = units. Quantity(v,' m/s')
dir = mpcalc. wind_direction(data_u,data_v)
speed = mpcalc. wind_speed(data_u,data_v,)
```

二、风羽图显示

风羽图也称为风矢，是天气图上表示风向、风速的符号，由风向杆、风羽（风三角）组成。风向杆指出风的来向，表示为一根竖线，按照风的 16 方位画出；风羽以短线代表风速 2 m/s，长线代表风速 4 m/s，而风三角代表风速 20 m/s。可以用 barb()函数来绘制风羽图，其基本调用格式如下：

```
barb(X,Y,U,V,, * * kw)
```

其中，X 表示风场数据 X 坐标；Y 表示风场数据 Y 坐标；U 表示风的水平方向分量；V 表示风的垂直方向分量。

具体绘制风羽图的具体代码如下：

```
import matplotlib. pyplot as plt
import numpy as np
```

```
x = np. linspace( - 5,5,5)
X,Y = np. meshgrid(x,x)
U,V = 12 * X,12 * Y
data = [( - 1. 5,. 5, - 6, - 6),(1, - 1, - 46,46),( - 3, - 1,11, - 11),(1,1. 5,80,80),
(0. 5,0. 25,25,15),( - 1. 5, - 0. 5, - 5,40)]
data = np. array(data,dtype = [('x',np. float32),('y',np. float32),('u',np. float32),
('v',np. float32)])
# Default parameters,uniform grid
ax = plt. subplot(2,2,1)
ax. barbs(X,Y,U,V)
# Arbitrary set of vectors,make them longer and change the pivot point
#(point around which they're rotated)to be the middle
ax = plt. subplot(2,2,2)
ax. barbs(data['x'],data['y'],data['u'],data['v'],length = 8,pivot = 'middle')
# Showing colormapping with uniform grid. Fill the circle for an empty barb,
# don't round the values,and change some of the size parameters
ax = plt. subplot(2,2,3)
ax. barbs(X,Y,U,V,np. sqrt(U * U + V * V),fill_empty = True,rounding = False,sizes =
dict(emptybarb = 0. 25,spacing = 0. 2,height = 0. 3))
# Change colors as well as the increments for parts of the barbs
ax = plt. subplot(2,2,4)
ax. barbs(data['x'],data['y'],data['u'],data['v'],flagcolor = 'r',barbcolor = ['b',
'g'],barb_increments = dict(half = 10,full = 20,flag = 100),flip_barb = True)
plt. show()
```

绘制的风羽图如图 4 - 3 所示。

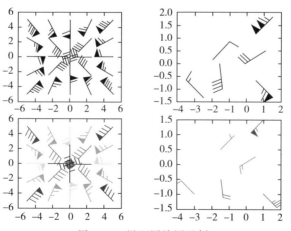

图 4 - 3　风羽图绘图示例

三、矢量箭头显示

(一)箭头

对于风等矢量数据,除了利用风羽图外,还通常使用矢量箭头形式表示。矢量箭头可以用 quiver()函数来绘制,其基本调用格式如下:

```
quiver = axe. quiver(x, y, u, v, pivot = ' tip ', width = 0.01, scale = 10, color = ' red ',
headwidth = 4, alpha = 1, transform = ccrs. PlateCarree())
```

其中,x 是横坐标(经度),y 是纵坐标(纬度),u 是经度方向的风速,v 是纬度方向的风速,这四个参数支持一维与二维的结构,只要矩阵结构一致即可;pivot 表示箭头在网格格点的位置,可以设置的参数有""tail","mid","tip";width 表示箭头整体的横向宽度,一般数值都非常小(<0.01);scale 表示箭头整体大小,这个参数需要注意一点,数值越小表示箭头越大;headwidth 表示箭头头部的宽度,一般地理绘图中数值设置为 2~4;color 与 alpha 分别表示箭头的颜色与透明度,其中 alpha=1 表示不透明;transform 仅在设置了画布投影类型的情况下需要指定,地理绘图的情况下会指定自己需要的投影类型,与画布相同即可。

(二)箭头标注

箭头标注通常用 axe. quiverkey()函数进行设置,基本调用格式如下:

```
axe. quiverkey(quiver, x, y, U, " U text", labelpos = ' E ', coordinates = ' axes ',
fontproperties = {' size ':10,' family ':' Times New Roman '})
```

其中,quiver 变量表示指定标注的 quiver 类,也就是绘制的 axe. quiver();x,y 与 coordinates 有关,coordinates 可以设置为' axes ',' figure ',' data ',' inches '这四个参数,如果是' axes ',' figure '的话,那 x 和 y 就表示相对子图与图片的相对位置,在 0~1 之间。如果是' data ',' inches '分别坐标轴的数值与英寸;U 表示需要标注的风速大小,为数值类型;"U text"表示标注上要写的字;labelpos 可以设置为' N ',' S ',' E ',' W ',表示字体标注的位置;fontproperties 用于设置字体属性,采用字典的形式进行输入,size 与 family 分别表示字体大小与字体类型。

(三)代码示例

绘制矢量箭头的具体代码如下,绘制的图形如图 4-4 所示。

```
import matplotlib. pyplot as plt
import numpy as np
import netCDF4 as nc
from matplotlib. font_manager import FontProperties
from cartopy. mpl. ticker import LongitudeFormatter,LatitudeFormatter
from cartopy. mpl. gridliner import LONGITUDE_FORMATTER,LATITUDE_FORMATTER
```

```
import matplotlib.ticker as mticker
import matplotlib as mpl
import cartopy.crs as ccrs
import cartopy.feature as cfeat
from wrf import getvar,to_np
import cmaps
Simsun = FontProperties(fname = "./font/SimSun.ttf")
Times = FontProperties(fname = "./font/Times.ttf")
config = {
    "font.family":'serif',
    "mathtext.fontset":'stix',
    "font.serif":['SimSun'],
}
mpl.rcParams.update(config)
mpl.rcParams['axes.unicode_minus'] = False
fig = plt.figure(figsize = (5,5),dpi = 150)
axe = plt.subplot(1,1,1,projection = ccrs.PlateCarree())
axe.set_title('风场',fontsize = 12,y = 1.05)
axe.add_feature(cfeat.COASTLINE.with_scale('10m'),linewidth = 1,color = 'k')
LAKES_border = cfeat.NaturalEarthFeature('physical','lakes','10m',edgecolor = 'k',
facecolor = 'never')
axe.add_feature(LAKES_border,linewidth = 0.8)
axe.set_extent([119.2,122.3,29.7,32.8],crs = ccrs.PlateCarree())
gl = axe.gridlines(crs = ccrs.PlateCarree(),draw_labels = True,linewidth = 0.8,color
= 'gray',linestyle = ':')
gl.top_labels,gl.bottom_labels,gl.right_labels,gl.left_labels = False,False,
False,False
gl.xlocator = mticker.FixedLocator(np.arange(119.5,122.1,0.5))
gl.ylocator = mticker.FixedLocator(np.arange(30,32.6,0.5))
axe.set_xticks(np.arange(119.5,122.1,0.5),crs = ccrs.PlateCarree())
axe.set_yticks(np.arange(30,32.6,0.5),crs = ccrs.PlateCarree())
axe.xaxis.set_major_formatter(LongitudeFormatter())
axe.yaxis.set_major_formatter(LatitudeFormatter())
axe.tick_params(labelcolor = 'k',length = 5)
labels = axe.get_xticklabels() + axe.get_yticklabels()
[label.set_fontproperties(FontProperties(fname = "./font/Times.ttf",size = 8))for
label in labels]
ncfile = nc.Dataset('D:\wrf_simulation\\2meic\\wrfout_d03_2016-07-21_12_2meic')
```

```python
ua = getvar(ncfile,'ua',timeidx = 126)[0,:,:]
va = getvar(ncfile,'va',timeidx = 126)[0,:,:]
lat = getvar(ncfile,'lat')
lon = getvar(ncfile,'lon')
interval = 3
ua = ua[::interval,::interval]
va = va[::interval,::interval]
lat = lat[::interval,::interval]
lon = lon[::interval,::interval]
from matplotlib.colors import Normalize
ws_map = [(0,0.5),(0.5,1),(1,1.5),(1.5,2),(2,2.5),(2.5,3),(3,3.5),(3.5,4),(4,
100)]
color_map = np.zeros_like(ua,dtype = float)
windspeed = np.sqrt(ua * * 2 + va * * 2)
ua_norm = ua/windspeed
va_norm = va/windspeed
for i in range(len(ws_map)):
    color_map[np.where((windspeed > ws_map[i][0])&(windspeed < = ws_map[i][1]))]
= i
    norm = Normalize()
    norm.autoscale(color_map)
    quiver = axe.quiver(lon,lat,ua_norm,va_norm,norm(color_map),cmap = cmaps.amwg_blu-
eyellowred,
                        pivot = 'mid',width = 0.002,scale = 40,
                        headwidth = 4,alpha = 1,
                        transform = ccrs.PlateCarree())
bound = []
for i in ws_map:
    bound.append(i[0])
ticks = np.array(bound)/bound[ - 1]
rect = [0.78,0.15,0.01,0.7]   #分别代表,水平位置,垂直位置,水平宽度,垂直宽度
cbar_ax = fig.add_axes(rect)
cb = fig.colorbar(quiver,drawedges = True,ticks = ticks,cax = cbar_ax,orientation =
'vertical',spacing = 'uniform')
cb.ax.set_yticklabels(bound)
#cb.ax.set_xticklabels(bound)
cb.set_label('风速 $ \mathrm{(m/s)} $',fontsize = 12)
cb.ax.tick_params(length = 0)
```

labels = cb. ax. get_xticklabels() + cb. ax. get_yticklabels()

[label. set_fontproperties(FontProperties(fname = ". /font/Times. ttf", size = 10))for label in labels]

　　plt. show()

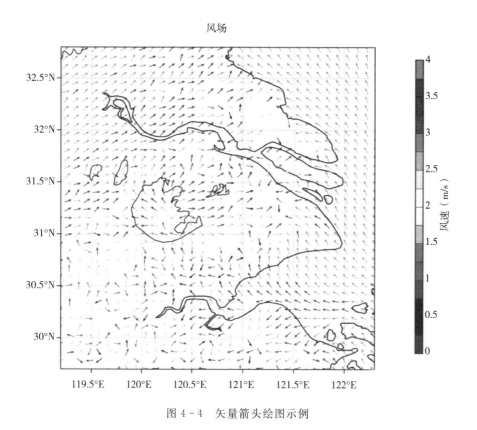

图 4 - 4　矢量箭头绘图示例

第四节　平面数据显示

　　为了便于直观地了解气象数据在不同高度上的变化规律和具体细节,可以通过等值线或填色图等形式进行直观显示。

一、等值线

　　气象中的等值线是气象要素值相同的连线。通常有等温线、等压线、等高线、等变压线、等风速线、等涡度线、等雨量线等。

（一）等值线线条绘制

等值线的线条通常可以利用 axe. contour( )函数进行绘制,其基本调用格式如下:

```
contour = axe. contour(lon,lat,f,levels = level,colors = 'k',cmap = cmaps,linewidths =
1,linestyles = '-',alpha = 1)
```

其中,lon,lat,f 分别代表经度、纬度与需要绘制等值线的参数,数据形式 1 维与 2 维均可,但需要保证矩阵结构一致;levels 代表需要绘制等值线的数值;colors 表示等值线的颜色;linewidths,linestyles 分别代表等值线轮廓的线宽与线型,其中线型支持{None,' solid ',' dashed ',' dashdot ',' dotted '}或者{'—','——','—. ',':', '',(offset,on - off - seq),...},两种表达方式均可;cmap 是指定等值线轮廓的配色。

（二）等值线标注

为了便于区分不同的等值线,通常在等值线上加上数值标注。等值线数值标注通常可以利用 axe. clabel( )函数实现,其基本调用格式如下:

```
axe. clabel(contour, inline = False,fontsize = 8,colors = ' red ',fmt = '% 1.0f ',manual =
False)
```

其中,contour 指定需要添加标签的等值线;inline 表示字体是否需要将等值线轮廓分割;fontsize 与 colors 分别设置字体的大小与颜色;fmt 表示数字的精度,'%1. xf'中 x 表示精确到小数点后几位,如果是整数就用 0 代替,小数点后 2 位就用 2 代替;manual 设置为 True 以后可以在 matplotlib 的绘图界面上手动点选需要标签的等值线与位置,之后可以使用绘图界面的"保存"将点选好的图片保存下来。

（三）代码示例

绘制等值线的具体代码如下,绘制的图形如图 4-5 所示。

```
import matplotlib. pyplot as plt
import numpy as np
import netCDF4 as nc
from matplotlib. font_manager import FontProperties
from cartopy. mpl. ticker import LongitudeFormatter,LatitudeFormatter
from cartopy. mpl. gridliner import LONGITUDE_FORMATTER,LATITUDE_FORMATTER
import matplotlib. ticker as mticker
import matplotlib as mpl
import cartopy. crs as ccrs
```

```python
import cartopy. feature as cfeat
from wrf import getvar,to_np
import cmaps

Simsun = FontProperties(fname = ". /font/SimSun. ttf")
Times = FontProperties(fname = ". /font/Times. ttf")
config = {
"font. family":' serif ',
    "mathtext. fontset":' stix ',
    "font. serif":[' SimSun '],
}
mpl. rc Params. update(config)
mpl. rc Params[' axes. unicode_minus '] = False


fig = plt. figure(figsize = (5,5),dpi = 150)
axe = plt. subplot(1,1,1,projection = ccrs. PlateCarree())
axe. set_title('湿度 $ \mathrm{(2m)} $ ',fontsize = 12,y = 1. 05)
axe. add_feature(cfeat. COASTLINE. with_scale('10m '),linewidth = 1,color = 'k ')
LAKES_border = cfeat. NaturalEarthFeature(' physical ',' lakes ',' 10m ', edgecolor = ' k ',
facecolor = ' never ')
axe. add_feature(LAKES_border,linewidth = 0. 8)
axe. set_extent([119. 2,122. 3,29. 7,32. 8],crs = ccrs. PlateCarree())
gl = axe. gridlines(crs = ccrs. PlateCarree(),draw_labels = True,linewidth = 0. 8,color
= ' gray ',linestyle = ':')
gl. top_labels, gl. bottom_labels, gl. right_labels, gl. left_labels = False, False,
False,False
gl. xlocator = mticker. FixedLocator(np. arange(119. 5,122. 1,0. 5))
gl. ylocator = mticker. FixedLocator(np. arange(30,32. 6,0. 5))
axe. set_xticks(np. arange(119. 5,122. 1,0. 5),crs = ccrs. PlateCarree())
axe. set_yticks(np. arange(30,32. 6,0. 5),crs = ccrs. PlateCarree())
axe. xaxis. set_major_formatter(LongitudeFormatter())
axe. yaxis. set_major_formatter(LatitudeFormatter())
axe. tick_params(labelcolor = 'k ',length = 5)
labels = axe. get_xticklabels() + axe. get_yticklabels()
[label. set_fontproperties(FontProperties(fname = ". /font/Times. ttf",size = 8))for
label in labels]

ncfile = nc. Dataset('D:\wrf_simulation\\2meic\\wrfout_d03_2016 - 07 - 21_12_2meic')
```

```
rh2 = getvar(ncfile,'rh2',timeidx = 126)

lat = getvar(ncfile,'lat')

lon = getvar(ncfile,'lon')

rh2_level = np. arange(50,110,10)

contour = axe. contour(lon,lat,rh2,levels = rh2_level,colors = 'blue',linewidths = 1,
linestyles = '-',alpha = 1)

axe. clabel(contour,inline = True,fontsize = 8,colors = 'red',fmt = '% 1.0f',manual =
False)

plt. show()
```

湿度（2 m）

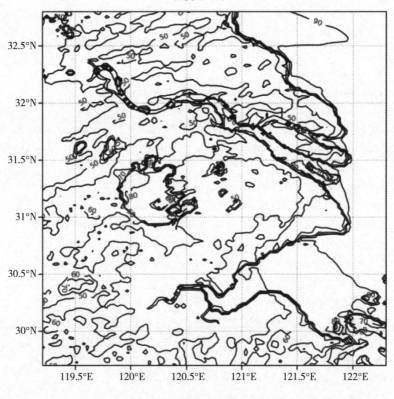

图 4 - 5　等值线绘图示例

二、填色图

（一）填色图基本绘制

所谓填色，其实就是对等高线图进行填充的绘图，可以理解为等温图。填色图

通常可以利用 axe. contourf()函数进行绘制,其基本调用格式如下:

contourf = axe. contourf(lon, lat, f, levels = level, cmap = cmaps. NCV_ jaisnd, extend = 'both')

其中,lon 为经度,lat 为纬度,f 为填充数据,可以是温度、湿度、污染物浓度等,以上三个参数均可以是一维的也可以是二维的,只要保证数据的尺寸相同即可,并且可以是 pandas 的列表,也可以是 ndarray,也可以是 list,xarray,netcdf;levels 可以指定自己所需要的填色范围与两种颜色之间的数值间隔;cmap 可以指定自己需要的配色方案,可以使用 matplotlib 官方提供的 cmap;extend 参数对填充颜色没有影响,但是会影响到 colorbar 的绘制,both 表示两端尖角显示(ncl绘图默认的形状),neither 表示两端平头,max 与 min 分别代表仅最大值与最小值显示尖角。

(二)色标绘制

色标是主图旁一个长条状的小图,能够辅助表示主图中 colormap 的颜色组成和颜色与数值的对应关系。通常可以利用 colorbar()函数进行绘制,其基本调用格式如下:

colorbar(contourf, drawedges = True, orientation = 'vertical', spacing = 'uniform')

其中,contourf 为绘制 colorbar 的对象,可以是任何使用了 cmap 的对象,比如contour、contourf、quiver 等;drawedges 表示是否需要在颜色分界处绘制黑色的分割线;orientation 表示色标显示是横向还是纵向;spacing 用于设置间距,uniform间距使每个离散颜色具有相同的间距,proportional 使空间与数据间隔成比例。

(三)代码示例

绘制填色图的具体代码如下,绘制的图形如图 4 - 6 所示。

```
import matplotlib. pyplot as plt
import numpy as np
import netCDF4 as nc
from matplotlib. font_manager import FontProperties
from cartopy. mpl. ticker import LongitudeFormatter, LatitudeFormatter
from cartopy. mpl. gridliner import LONGITUDE_FORMATTER, LATITUDE_FORMATTER
import matplotlib. ticker as mticker
import matplotlib as mpl
import cartopy. crs as ccrs
import cartopy. feature as cfeat
from wrf import getvar, to_np
import cmaps
```

```
Simsun = FontProperties(fname = ". /font/SimSun. ttf")
Times = FontProperties(fname = ". /font/Times. ttf")
config = {
    "font. family":' serif',
    "mathtext. fontset":' stix',
    "font. serif":[' SimSun'],
}
mpl. rc Params. update(config)
mpl. rc Params[' axes. unicode_minus'] = False
fig = plt. figure(figsize = (5,5),dpi = 150)
axe = plt. subplot(1,2,1,projection = ccrs. PlateCarree())
axe. set_title('温度 $ \mathrm{(2m)} $',fontsize = 12,y = 1. 05)
axe. add_feature(cfeat. COASTLINE. with_scale('10m'),linewidth = 1,color = 'k')
LAKES_border = cfeat. NaturalEarthFeature(' physical ',' lakes ',' 10m', edgecolor = ' k ',
facecolor =' never')
axe. add_feature(LAKES_border,linewidth = 0. 8)
axe. set_extent([119. 2,122. 3,29. 7,32. 8],crs = ccrs. PlateCarree())
gl = axe. gridlines(crs = ccrs. PlateCarree(),draw_labels = True,linewidth = 0. 8,color
=' gray',linestyle = ':')
gl. top_ labels, gl. bottom_ labels, gl. right_ labels, gl. left_ labels = False, False,
False,False
gl. xlocator = mticker. FixedLocator(np. arange(119. 5,122. 1,0. 5))
gl. ylocator = mticker. FixedLocator(np. arange(30,32. 6,0. 5))
axe. set_xticks(np. arange(119. 5,122. 1,0. 5),crs = ccrs. PlateCarree())
axe. set_yticks(np. arange(30,32. 6,0. 5),crs = ccrs. PlateCarree())
axe. xaxis. set_major_formatter(LongitudeFormatter())
axe. yaxis. set_major_formatter(LatitudeFormatter())
axe. tick_params(labelcolor =' k',length = 5)
labels = axe. get_xticklabels() + axe. get_yticklabels()
[label. set_fontproperties(FontProperties(fname = ". /font/Times. ttf",size = 8))for
label in labels]
axe2 = plt. subplot(1,2,2,projection = ccrs. PlateCarree())
axe2. set_title('温度 $ \mathrm{(2m)} $',fontsize = 12,y = 1. 05)
axe2. add_feature(cfeat. COASTLINE. with_scale('10m'),linewidth = 1,color = 'k')
LAKES_border = cfeat. NaturalEarthFeature(' physical ',' lakes ',' 10m', edgecolor = ' k ',
facecolor =' never')
axe2. add_feature(LAKES_border,linewidth = 0. 8)
axe2. set_extent([119. 2,122. 3,29. 7,32. 8],crs = ccrs. PlateCarree())
```

```
gl = axe2. gridlines(crs = ccrs. PlateCarree(),draw_labels = True,linewidth = 0. 8,color
= 'gray',linestyle = ':')
    gl. top_labels,gl. bottom_labels,gl. right_labels,gl. left_labels = False,False,
False,False
    gl. xlocator = mticker. FixedLocator(np. arange(119. 5,122. 1,0. 5))
    gl. ylocator = mticker. FixedLocator(np. arange(30,32. 6,0. 5))
    axe2. set_xticks(np. arange(119. 5,122. 1,0. 5),crs = ccrs. PlateCarree())
    axe2. set_yticks(np. arange(30,32. 6,0. 5),crs = ccrs. PlateCarree())
    axe2. xaxis. set_major_formatter(LongitudeFormatter())
    axe2. yaxis. set_major_formatter(LatitudeFormatter())
    axe2. tick_params(labelcolor = 'k',length = 5)
    labels = axe2. get_xticklabels() + axe2. get_yticklabels()
    [label. set_fontproperties(FontProperties(fname = ". /font/Times. ttf",size = 8))for
label in labels]
    ncfile = nc. Dataset('D:\wrf_simulation\\2meic\\wrfout_d03_2016 - 07 - 21_12_2meic')
    t2 = getvar(ncfile,'T2',timeidx = 126)
    t2 = t2 - 273. 15
    t22 = getvar(ncfile,'T2',timeidx = 138)
    t22 = t22 - 273. 15
    lat = getvar(ncfile,'lat')
    lon = getvar(ncfile,'lon')
    t2_level = np. arange(25,40,1)
    contourf = axe. contourf(lon,lat,t2,levels = t2_level,cmap = cmaps. NCV_jaisnd,extend
= 'both')
    contourf2 = axe2. contourf(lon,lat,t22,levels = t2_level,cmap = cmaps. NCV_jaisnd,
extend = 'both')
    fig. subplots_adjust(right = 0. 7)
    rect = [0. 78,0. 25,0. 01,0. 5]
    cbar_ax = fig. add_axes(rect)
    cb = fig. colorbar(contourf,drawedges = True,ticks = t2_level,cax = cbar_ax,
orientation = 'vertical',spacing = 'uniform')
    cb. set_label('温度 $ \mathrm{(^oC)} $ ',fontsize = 12)
    cb. ax. tick_params(length = 0)
    labels = cb. ax. get_xticklabels() + cb. ax. get_yticklabels()
    [label. set_fontproperties(FontProperties(fname = ". /font/Times. ttf",size = 10))for
label in labels]
    plt. show()
```

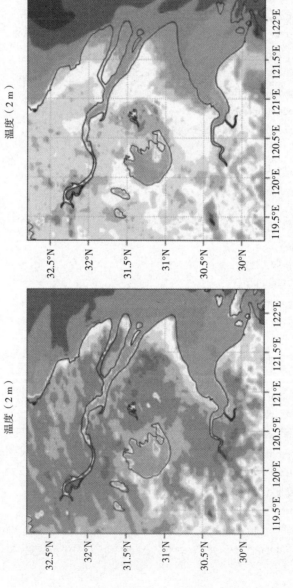

图4-6 填色图绘图示例

第五章　气象信息融合技术及实践

弹道气象信息获取时,由于种种原因,可能存在各种缺测。为了提高精度,需要根据一定的统计规律,采用统计或者分析方法,尽可能对缺测数据(或序列)进行插补(延长)。其次,站点气象观测是不连续的,测站密度不可能无限制的增加,大气变量场空间上也需要进行网格化处理等,气象空间场空白地区的气象数据需要进行插值。各种类型和不同时刻的数据集,还需要对它们进行数据融合、同化及再分析。因此,利用弹道气象信息进行弹道修正前,仍然有必要进行系统融合处理。

第一节　数据质量评估与控制

对不同气象要素质量控制的步骤和内容有所区别,但大致来说,气象信息质量控制应该包括 3 个环节的内容:一是观测环节。这个环节的数据质量控制(或保障)是最为关键的,因为只有观测环节的质量把关,才能保证气象观测数据源头的质量可靠。如果达不到这个要求,后端的很多控制也无能为力,因为观测是不可重复的,很多问题一旦出现了,就没有根本的办法弥补。二是资料环节。这一环节必须进行系统的质量控制,因为它是气象信息到用户手中的最后一道环节,如果不做系统的检查评估,用户用到的就可能是没有质量把握的数据产品,因此,这一环节的质量控制和评估要求最高。三是用户环节。很多人认为用户不需要对数据做质量控制和保障,这也是不对的,每个用户对气象信息的需求是有差异的,只有自己才知道最想用什么数据,因此,在这个意义上,质量控制和保障也是资料应用的一部分。

从质量控制的方法和内容上讲,主要包括以下几个方面。

一、对气象数据的逻辑性质量检验和控制

对气象数据的准确性首先需要进行基本逻辑检验。基本逻辑检验主要有下面几步:一是站点信息检查。检验区站号是否正确,即检验区站号中是否包含字符,是否在中国的范围内,区站号本身是否正确。二是检验资料年份顺序是否正确。

即检验是否有年份颠倒、年份重复的现象。三是数据重复性检查。即检验资料中重复出现的台站资料。四是允许值检查。即资料不能超出其观测最大(小)允许出现值。实际操作中常常借助一些现有的控制参数,如平均、最高、最低温度对比极值表(WMO 或者国际著名数据中心给出的)进行极值检验;另外,如仪器观测范围等也可以作为气象信息允许值检查的内容。五是内部一致性逻辑检验。比较平均值、最大值、最小值的大小关系,检查是否出现最大值小于平均值和最小值的情况。

二、空间一致性检验

在大气变量中,极端值和错误值极易混淆,会影响极端值的研究结果。根据一般的气象要素在空间分布上具有邻近站点相似性的普遍规律(部分局地性观测除外),可以进行变量场的空间(或对高空资料的水平一致性)一致性检验,以提高该资料的可靠程度。

不同要素、站网的空间一致性检查的方法不同,基本的思路是通过空间插值拟合一个数据曲面,然后根据实际观测值与拟合值之间的差异来判断观测值的合理性。数据集制作者可以根据其需要和目的,设计空间一致性检查的项目,选取不同的方法进行。在中国均一性气温数据集 1.0 版本中,采用如下方法。

对逐日最高气温,将所有落在以检验站为中心、250 km 为半径的圆内的台站定义为邻站,站站之间距离计算公式为

$$d(A_1 A_2) = R \arccos[\sin\varphi_1 \sin\varphi_2 + \cos\varphi_1 \cos\varphi_2 \cos(\theta_1 - \theta_2)]$$

式中,θ_1、φ_1 为 A_1 点经度、纬度;θ_2、φ_2 为 A_2 点经度、纬度;R 为地球半径,这里取平均值 6371 km。选取离本站最近的 5 个站为参考站。该站最高气温逐日序列为 $T_{\max j}(j=1,\cdots,n,n$ 为序列的样本长度),其标准化序列为 H_j,参考站最高气温的标准化序列为 R_{ji},$(j=1,\cdots,n;i=1,\cdots,5)$。考虑到逐日资料更大不稳定性,在利用相同要素空间一致性检验的同时,还进行了相关要素之间的一致性检验,即利用该站最低气温 $T_{\min j}$ 和平均气温 T_{avej},与 $T_{\max j}$ 存在一致性的特点进行检验,其相应的标准化序列分别记为 L_j 和 $A_j(j=1,\cdots,n,n$ 为序列的样本长度)。

相同要素空间一致性的检查条件为

$$N_1 = \sum_{i=1}^{5} k_i, k_i = \begin{cases} 1, H_j R_{ji} > 0 \\ 0, H_j R_{ji} < 0 \end{cases}$$

$$N_2 = \sum_{i=1}^{5} k_i S_i, S_i = \begin{cases} 1, H_j + 2 \geqslant R_{ji} \geqslant H_j - 2 \\ 0, 其他 \end{cases}$$

相关要素之间的一致性检查条件为

$$N_3 = \begin{cases} 1, H_j L_j > 0 \\ 0, H_j L_j < 0 \end{cases}$$

$$N_4 = \begin{cases} 1, H_j A_j > 0 \\ 0, H_j A_j < 0 \end{cases}$$

对月平均气温序列的质量控制,同样包括了时间域和空间域的检查,其中时间域检查采用双权重平均值与标准差检验法。当 $|x_i - \overline{x}_{bi}| > 2.5 s_{bi}$ 时,x_i 被标为可疑值。其中,$\overline{x}_{bi}, s_{bi}$ 为双权重平均值和标准差。

空间域检验可以采用距平比较法,其距平公式为

$$x_{di}(j) = x_{i,j} - \overline{x}_{bi}(j)$$

式中,i 与被检可疑值的序列号相同;j 代表空间检验临近站。

当所选邻近站满足 $|x_{di}(j)| = s_{bi}(j)$,且所选邻近站距平方向与被检站相同时,认为该可疑值通过空间检验,基本正确,否则判断该可疑值未通过空间质量检验。

三、要素(层次)间的内部一致性检查

一般来说,相关的气象要素之间存在一定的关系,如前面逻辑检查中指出的气温资料的几个要素(平均气温、最高气温、最低气温)必须满足一定的大小关系。这是显而易见的,从逻辑性的判断基本可以知道其正确和错误与否,但更多要素间的内部一致性必须根据大气运动规律判断才能知道,如探空资料的各层次之间的要素相互关系,往往需要进行层次(要素)间的内部一致性检查,如气温的超绝热递减率检查,即基于实际大气温度的垂直递减率一般不超过干绝热递减率原则,用下层规定层的气压、温度和超绝热温度订正值计算上层可能的最低温度。另外,如大气静力学检查是高空探空资料质量控制的核心,其核心思想是以能否在一定的厚度偏差范围内,用温、压、湿记录还原台站观测时对相邻标准等压面之间气层厚度的计算作为判据来检查规定层的温度和位势高度记录是否正确。

经过上述这几步后,气象信息中一般性的错误将被检查出来,可以作为数据集产品的“原材料”,但作为气候数据集产品,更为重要的是要确保站点数据序列的均一性。只有满足了气候序列的均一性,利用这些数据集所计算的不同要素(变量)的气候变化趋势才合理,并能反映气候的年际、年代际变化特征。

第二节　数据恢复与插补

需要对缺测的气象信息进行恢复,才能保证数据的连续性。数据恢复的方法主要有以下几种。

一、内插法

对于缺测资料的恢复,常使用邻站未缺测资料进行比较其差值,利用差值进行恢复;或者利用相邻年份资料做线性内插来恢复。但是,对于一大片区域测站资料均存在缺测情况时,使用该法有很大困难,因为相邻测站的资料往往也同时缺测。

二、回归方程法

对于缺乏邻站资料进行缺测资料的恢复,可以利用气象要素自身前、后期(年份)演变关系(回归方程)做缺测资料的恢复。气象要素前期信息的形成也包含着与之同一时期外界因素相互作用的结果,前期的要素已经包含外界因素的影响,同样对后期要素的变化产生影响。

三、判别方程法

可以利用邻站气象要素演变关系(判别方程)做缺测资料的恢复。由于判别分析仅对恢复对象做分类判别,恢复时考虑到平均值是最大似然估计量,比中值好些,因此,把恢复的类别样本平均值作为类别的恢复值。考虑到分类后恢复的平均值代表性以类内变化越小越好,试验表明,用 Gamma 分布的概率划分,分成 5 类有较好的效果。使用双重检验,通过引入和筛选因子利用逐步回归和判别分析进行缺测资料恢复试验,发现逐步判别分析方法比逐步回归分析方法恢复效果好些。

第三节　空间插值

在数值模式中直接使用观测场作为初值场,常常与真实大气场存在误差,解决"内部误差"的一种方法是客观分析方法,即客观地重新构造要素的空间分布场,最优地表示瞬间状态,并给出规则网格点上的气象要素值。其规则网格点上的气象要素值,是应用不规则分布的测站上要素的观测资料进行网格插值得到的。另外,由于气候数值模式研究需要,常常需要把不规则的气候变量场变成规则网格的变量场。上述的气象问题可以归结为变量场网格化问题。解决这一问题的方法主要有以下几种。

一、趋势面法

趋势面法是网格化方法早期的方法,在客观分析中常用,是一种多项式方法,即用 m 次曲面方程:

$$\hat{Z} = \sum_{ij} c_{ij} x^i y^j \quad (i + j \leqslant m)$$

做网格点 Z 的估计，估计值可用最小二乘法确定方程系数后求得。式中，x、y 为邻近格点之值，c_{ij} 为系数。例如，做气象要素月平均气候场的某网格点 (a,b) 插值时可使用如下插值公式

$$Q = \sum_i \left[P(X_i, Y_i) - Z_i \right]^2 W \left[(X_i - a)^2 + (Y_i - b)^2 \right]$$

其中

$$P(X,Y) = c_{00} + c_{10} X + c_{01} Y + c_{20} X^2 + c_{02} Y^2$$

为具体的曲面函数。式中，a、b 为目标网格点的二维直角坐标系中横和纵坐标；Z_i 为邻近格点 (i) 之观测值；X_i、Y_i 为邻近格点横和纵坐标之值；W 为权重函数，它随目标点与邻近格点距离增加而减少。目标点与邻近格点距离记为

$$d^2 = (X_i - a)^2 + (Y_i - b)^2$$

权重函数可取为

$$W(d^2) = \frac{\exp(-ad^2)}{\varepsilon + ad^2}$$

式中，α 为修正距离的尺度系数；ε 为取很小值的常数，以便保证当距离为 0 时权重函数不至于溢出。对于实际有经、纬度的网格点而言，其距离（取弧度）可用下式计算：

$$\cos(d^2) = \sin(\varphi_i) \sin(\varphi_g) + \cos(\varphi_i) \cos(\varphi_g) + \cos(\lambda_i - \lambda_g)$$

式中，φ_i、λ_i、φ_g 和 λ_g 分别为邻近格点和目标点的纬、经度。曲面函数中的系数 c_{ij} 可利用使 Q 值最小的最小二乘法定出。

为了得到垂直方向相互适应的要素场，多项式方法还可以发展为三维客观分析。客观分析还有逐次订正法，即对事先给出的预备场利用测站资料，根据与距离有关的权重进行逐次订正。

二、回归方程法

网格化中也可以利用回归分析方法，把某格点的随时间变化序列组的向量 y 表示为邻近网格点资料阵 X 的回归方程：

$$y = Xb + e$$

式中,b 为回归系数向量;e 为残差向量。回归系数向量可用最小二乘法确定。

原则上对每个网格点都应建立一个方程,为了简化可以在计算中常引入结构函数。把网格点与邻近测站的距离相关结构转化为相关系数随距离变化的模式,并假定大气相关结构各向同性,从而建立对测站相关阵和测站与网格点相关向量的计算。上述方法要求对每一网格点周围选取足够多的测站,至少要选 6 个站,对资料稀少的海洋地区则很困难。随着技术的发展,这一分析方法已由单一时刻常规资料的分析发展到包含不同时刻非常规资料的分析,并且已不再是单纯给数值预报模式提出格点上的内插要素值,而是如何建立一个与预报模式在物理上相互适应的初始场,把四维资料同化和预报模式的初值形成作为一个统一整体来处理。所给出的不单是离散格点上的值,还可以用一组具有波状特征的数学函数来描述大气状态,包含了运动场和质量场之间的物理关系。

三、反距离加权平均

反距离加权平均法又名空间滑动平均法,它是根据近邻点的平均值估计未知点的方法,该方法基于地理学第一定律——相似相近原理,即根据样本点周围数值随着其到样本点距离的变化而变化,根据距离衰减规律,对样本点的空间距离进行加权,以未采样点距离最近的若干个点对未采样点值的贡献最大,其贡献与距离成反比。对于山区或者降水站点不是很密集的地区,反距离加权法有助于提高所估计数据的精度。其估值可表示为

$$Z^*(x_0) = \sum_{i=1}^{n} \frac{1}{(D_i)^k} Z(x_i) / \sum_{i=1}^{n} \frac{1}{(D_i)^k}$$

式中,$Z^*(x_0)$ 为待估值,x_0 为观测的待估值点;$Z(x_i)$ 为区域内位于 x_i 的观测值;D_i 是样本点之间的距离;n 为参与插值的样本点的个数;k 为距离的幂次。k 的取值为 $1 \sim 4$ 对插值结果的影响较为有限,通常取 $k=1$ 进行插值。

四、双线性与非线性插值法

如果要利用网格点的数值模拟值对变量场中某测站的值进行估计,以便与测站实测值比较时,还可以通过变量分析场中邻近 4 个网格点的值,利用双线性插值方法进行插值得到。其方法是:假如我们想得到未知函数 f 在点 $P(x,y)$ 的值,假设我们已知函数 f 在 $Q_{11}=(x_1,y_1)$、$Q_{12}=(x_1,y_2)$、$Q_{21}=(x_2,y_1)$ 及 $Q_{22}=(x_2,y_2)$ 4 个邻

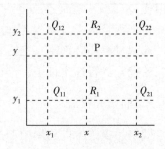

图 5-1 双线性插值示意

近点的值 $f(Q_{11})$、$f(Q_{12})$、$f(Q_{21})$ 及 $f(Q_{22})$。此 4 个点分别处在 x 方向两个点，y 方向两个点。

首先在 x 方向进行线性插值，得到关于点 $R_1=(x,y_1)$ 和 $R_2=(x,y_2)$ 上面的线性插值函数：

$$f(R_1)=\frac{(x_2-x)}{(x_2-x_1)}f(Q_{11})+\frac{(x-x_1)}{(x_2-x_1)}f(Q_{21})$$

$$f(R_2)=\frac{(x_2-x)}{(x_2-x_1)}f(Q_{12})+\frac{(x-x_1)}{(x_2-x_1)}f(Q_{22})$$

然后在 y 方向进行线性插值，得到点 $P(x,y)$ 的值：

$$f(P)=\frac{(y_2-y)}{(y_2-y_1)}f(R_1)+\frac{(y-y_1)}{(y_2-y_1)}f(R_2)$$

如果气象要素空间的关系不是线性变化的，使用线性插值会产生较大的误差，可以采用二次拉格朗日（Lagrange）多项式插值方法进行插值。其方法是：已知在点 x_0、x_1、x_2 的值为 y_0、y_1、y_2，要求多项式 $L(x)$，使得 $y_0=L(x_0)$、$y_1=L(x_1)$、$y_2=L(x_2)$，L 是 x 的二次函数，称为二次插值多项式，其表达式为

$$L(x)=y_0l_0(x)+y_1l_1(x)+y_2l_2(x)$$

$$l_0(x)=(x-x_1)(x-x_2)/[(x_0-x_1)(x_0-x_2)]$$

$$l_1(x)=(x-x_0)(x-x_2)/[(x_1-x_0)(x_1-x_2)]$$

$$l_2(x)=(x-x_1)(x-x_0)/[(x_2-x_1)(x_2-x_0)]$$

对变量场中某测站的值，可以通过分析场中邻近的 3 个网格点的值进行插值得到。

五、样条插值法

样条（Spline）插值法利用最小表面曲率的数学表达式，模拟生成通过一系列样点的光滑曲面。样条插值法适用对大量样点进行插值计算，同时要求获得平滑表面的情况。用于插值的输入点越多，生成的表面也就越平滑。同时，如果点数的值越大，处理输出栅格所需的时间就越长。具体插值时，把进行插值计算的曲线的区间划分成很小区间，在每一个小子区间上用较高次多项式进行分段插值，即可得到较光滑的插值。对待估计的气温栅格值点 Z 的插值公式为

$$z = \sum_{i=1}^{n} A_i d_i^2 \log d_i + a + bx + cy$$

式中,d_i 为待估计的栅格点到第 i 个邻近测站的距离;n 为选择邻近测站数。右端第 1 项为基础函数,后 3 项为气温趋势面函数,其中的 x 和 y 为插值点的地理坐标。方程的系数由最小二乘法求出。

六、克里格法

克里格(Kriging)法主要研究空间分布数据的结构性与随机性、空间相关性与依赖性、空间格局与变异,还可以对空间数据进行最优无偏内插估计。变量场 Z 区域化变量的空间结构随空间点 x 的变化由平均值、变异部分相关误差和随机误差构成,表示为

$$Z(x) = \mu + \varepsilon'(x) + \varepsilon$$

引入变异函数

$$r(h) = \frac{1}{2N(h)} \sum_{i=1}^{N(h)} \left[Z(x_i) - Z(x_i + h) \right]^2$$

式中,$N(h)$ 为间隔距离 h 时成对的样本点数目。变异函数是描述区域化变量的随机性和结构的。以 h 为横坐标,$r(h)$ 为纵坐标,绘出变异函数曲线图,可以直观展示区域化变量的空间变异性。

对任意待估计站点 x_0 取待估测站作为 n 个测站观测值,进行线性组合估计:

$$Z(x_0) = \sum_{i=1}^{n} \omega_i Z(x_i)$$

式中,ω 为权重系数,权重由样本点间的变异函数确定:

$$\sum_{j=1}^{n} \omega_i Z(x_i, x_j) + d = c(x_i, x_0), \sum_{i=1}^{n} \omega_i = 1$$

式中,$c(x_i, x_j)$ 为样本点之间的变异函数;$c(x_i, x_0)$ 为样本点与待估计点之间的变异函数;d 为极小化处理时的拉格朗日乘子。

第四节　回归分析

在气象数据分析中,需要利用外力因子建立与预报量之间的关系模型,进行分析与预报,此模型称为回归预报模型。常用的预报模型有单个因子的线性回归、单

个因子的非线性回归、多因子线性回归、逐步回归、事件概率回归、logit 回归、最佳子集回归、预报残差最小逐步回归、权重回归,以及回归方法的扩展方法,例如,卡尔曼滤波回归、岭回归、贝叶斯回归和支持向量机回归等。

一、单个因子的回归模型

利用单个因子对大气变量之间的关系进行分析,通常要建立单个因子的回归模型(linear regression),其方法原理和具体内容如下。

(一)一元线性回归方程

建立一个因子与预报量之间的回归模型,最简单是假设因子(x)与预报量(y)之间的关系是线性关系,建立一元线性回归方程。它表示为

$$\hat{y} = b_0 + bx$$

式中,$\hat{y}$ 称为预报量 y 的估计变量。回归方程中系数 b_0 称为截距,系数 b 称为斜率。对因子变量 x 和预报量变量 y 的样本(样本容量为 n)数据,回归方程可以表示为

$$\hat{y}_i = b_0 + bx_i \quad (i=1,2,\cdots,n)$$

利用最小二乘法可以得到回归系数计算值:

$$s_{xy} = \frac{1}{n} \sum_{i=1}^{n} (x_i + \bar{x})(y_i - \hat{y})$$

因子变量方差为

$$s_x^2 = \frac{1}{n} \sum_{i=1}^{n} (x_i + \bar{x})^2$$

式中,$\bar{x}$ 和 $\hat{y}$ 为因子和预报变量的平均值。

如果预报量和因子均为距平变量,即

$$x_d = x - \bar{x}, y_d = y - \hat{y}$$

可以得到距平变量的回归方程为

$$\hat{y}_d = bx_d$$

距平变量样本数据的回归方程为

$$\hat{y}_{di} = bx_{di} \quad (i=1,2,\cdots,n)$$

距平变量回归方程没有截距项,表现更为简单。预报量的预报值是距平值,常常作为大气变量异常状态的预报。

如果预报量和因子均为标准化变量,即

$$x_z = \frac{x - \bar{x}}{s_x}, \quad y_z = \frac{y - \hat{y}}{s_y}$$

s_x 和 s_y 为因子和预报量变量的标准差。可以得到标准化变量的回归方程:

$$\hat{y}_z = r_{xy} x_z$$

式中, $\hat{y}_z$ 为标准化预报量的预报变量; x_z 为标准化因子变量; r_{xy} 为相关系数,它定义为

$$r_{xy} = \frac{1}{n} \sum_{i=1}^{n} x_{zi} y_{zi}$$

标准化变量样本数据的回归方程为

$$\hat{y}_{zi} = r x_{zi} \quad (i = 1, 2, \cdots, n)$$

标准化变量回归方程没有截距项,其斜率系数就是两个变量的相关系数,即可以利用两个变量的相关系数,直接建立它们的回归方程,然后通过相关系数与回归系数关系式:

$$b = r_{xy} \cdot \frac{s_y}{s_x}$$

求出距平变量的回归系数。这样方程可以转化为距平变量的回归方程,再利用前面提到的最小二乘法求出截距。

回归系数是度量两个变量回归关系的程度,它与两个变量的相关系数有关,但是它不同于相关系数,它是有量纲的,与两个变量的单位有关。它仅在两个变量均为标准化变量时,是无量纲的。这时回归系数就是相关系数。

单变量回归方程计算步骤:

(1)对预报量 y 和因子变量 c 序列,分别求其平均值和标准差;

(2)计算两个变量的相关系数;

(3)代入计算方程求取斜率、回归系数 b;

(4)代入计算方程求取截距、回归系数 b_0。

一元回归方程也常用来表征大气变量时间变化的趋势,这时回归方程中以时间(t)为自变量,以大气变量为因变量(y),其拟合直线即为变量序列的直线变化趋势,表示为

$$\hat{y}_t = b_0 + bt$$

求出直线趋势的方程中系数,使用该系数可以度量大气变量随时间变化的速率。

(二)单个因子的非线性回归模型

大气变量之间关系是十分复杂的,常常不是理想的线性关系,可以试验用非线性关系来描述。用非线性回归(nonlinear regression)方法确定自变量对因变量(预报量)的拟合回归方程,其关系可用非线性函数拟合。常用的几种关于因变量 y 与自变量 x 的非线性函数类型有线性、幂指数、自然指数、对数和双曲等 5 个类型,函数形式见表 5-1。

表 5-1　因变量 y 与自变量 x 的非线性函数类型

类型	1	2	3	4	5
函数关系	$y=a+bx$	$y=ax^b$	$y=ae^{bx}$	$y=a+b\ln x$	$y=a+b\dfrac{1}{x}$

函数中的参数 a、b 可用线性化方法确定,即把变量非线性函数数值化为新变量,则非线性回归方程变成线性方程。

例如,对第 2 类型非线性函数,即

$$y=ax^b$$

对方程两边取对数,有

$$\ln y=\ln a+b\ln x$$

令

$$y'=\ln y, b_0=\ln a, x'=\ln x$$

则得到常规一元线性回归方程

$$y'=b_0+bx'$$

可以求出回归系数后,代入建立一元线性回归方程,求出非线性方程的系数。

对其他非线性回归模型,类似地进行线性化。例如:

$$y=ae^{bx} \rightarrow \ln y=\ln a+bx$$

$$y=ax^b \rightarrow \ln y=\ln a+b\ln x$$

$$y=\frac{ax}{b+x} \rightarrow \frac{1}{y}=\frac{1}{a}+\frac{b}{a}\frac{1}{x}$$

$$y=\frac{a}{b+x} \rightarrow \frac{1}{y}=\frac{1}{a}+\frac{b}{a}x$$

对二元非线性回归模型,类似地也可以进行线性化。例如:

$$y = \frac{1}{1 + ax_1^b e^{cx_2}} \rightarrow \ln(y^{-1} - 1) = \ln a + b \ln x_1 + cx_2$$

二、多因子的回归模型

在气象问题分析预报中,通常寻找与预报量线性关系很好的单个因子是很困难的,而且实际上某个气象要素的变化是和前期多个因子有关,因而大部分气象统计预报中的回归分析都是用多元线性回归(Multiple Linear Regression,MLR)技术进行。所谓多元回归是对某一预报量 y,研究多个因子与它的定量统计关系。例如,共选取 p 个因子,记为 $x_1, x_2 \cdots, x_p$ 在多元回归中,我们又着重讨论较为简单的多元线性回归问题,因为许多的多元非线性问题都可以化为多元线性回归来处理。多元线性回归分析的原理与一元线性回归分析完全相同,其方法如下。

(一)回归方程中系数的确定

和单因子回归类似,在样本容量为 n 的 y 预报量和因子变量的实测值中,线性回归方程表达如下:

$$\hat{y}_i = b_0 + b_1 x_{i1} + b_2 x_{i2} + \cdots + b_p x_{ip} \quad (i = 1, 2, \cdots, n)$$

满足线性回归方程要求的回归系数 $b_0, b_1, \cdots, b_p$,应是使全部的预报量观测值与回归估计值的差值平方和达到最小,也就是满足如下

$$Q = \sum_{i=1}^{n} (y_i - \hat{y}_i)^2 \rightarrow 最小$$

对一组样本资料,预报值的估计可以看成一个向量,记为

$$\hat{\boldsymbol{y}} = \begin{Bmatrix} \hat{y}_1 \\ \hat{y}_2 \\ \vdots \\ \hat{y}_n \end{Bmatrix}$$

则可以将回归方程转换为矩阵形式

$$\hat{\boldsymbol{y}} = \boldsymbol{Xb}$$

式中,$\boldsymbol{X}$ 为因子矩阵,阵中多引入一个常数变量 x_0,其数值均为 1,即

$$X = \left\{ \begin{matrix} 1 & x_{11} & x_{21} & \cdots & x_{1p} \\ 1 & x_{21} & x_{22} & \cdots & x_{2p} \\ \vdots & \vdots & \vdots & & \vdots \\ 1 & x_{n1} & x_{n2} & \cdots & x_{np} \end{matrix} \right\}$$

b 为回归系数向量

$$b = \left\{ \begin{matrix} b_0 \\ b_1 \\ \vdots \\ b_p \end{matrix} \right\}$$

预报量观测向量与回归估计向量之差的内积就是它们的分量的差值平方和,即

$$Q = (y - \hat{y})'(y - \hat{y}) = (y - Xb)'(y - Xb) = y'y - b'X'y - y'Xb + b'X'Xb$$

Q 实际是 $b_0, b_1, \cdots, b_p$ 的非负二次式,所以最小值一定存在。根据极值原理,可以得到

$$\frac{\partial Q}{\partial b} = \frac{\partial(y'y)}{\partial b} - \frac{\partial(b'X'y)}{\partial b} - \frac{\partial(y'Xb)}{\partial b} + \frac{\partial(b'X'Xb)}{\partial b} = 0$$

式中第一项因为 $y'y$ 不是 b 的函数,是偏微分为 0 的向量;第二、三项由于 $X'y$ 是 $(p+1) \times 1$ 的向量,则有

$$\frac{\partial(b'X'y)}{\partial b} = X'y \text{ 或} \frac{\partial(y'Xb)}{\partial b} = X'y$$

式中第四项可表示为 $2X'Xb$,所以可得

$$\frac{\partial Q}{\partial b} = 2X'Xb = 0$$

$$X'Xb = X'y$$

上式称为求回归系数的标准方程组的矩阵形式。

(二)多因子线性回归模型的其他形式

求回归系数标准方程组中的第一个方程可以导出:

$$b_0 = \bar{y} - b_1 \bar{x}_1 - b_2 \bar{x}_2 - \cdots - b_p \bar{x}_p$$

代入多因子线性回归方程可以得到

$$\hat{y} - \bar{y} = b_1(x_1 - \bar{x}_1) + b_2(x_2 - \bar{x}_2) + \cdots + b_p(x_p - \bar{x}_p)$$

令

$$\hat{y}_d = \hat{y} - \bar{y}$$

$$x_{d1} = x_1 - \bar{x}_1$$

$$x_{dp} = x_p - \bar{x}_p$$

可以得到

$$\hat{y}_d = b_1 x_{d1} + b_2 x_{d2} + \cdots + b_p x_{dp}$$

上式可称为距平变量的多元线性回归方程，这个方程中变量用的是距平值。

（三）回归系数的求取

如何从距平变量的距平观测值求出回归方程的回归系数呢？同样可以用最小二乘法，类似地导出求回归系数的标准方程组。它的矩阵形式为

$$\boldsymbol{X}_d' \boldsymbol{X}_d \boldsymbol{b} = \boldsymbol{X}_d' \boldsymbol{y}_d$$

对式中两边乘 $1/n$，则有

$$\boldsymbol{S}\boldsymbol{b} = \boldsymbol{s}_{xy}$$

其中

$$\boldsymbol{S} = \frac{1}{n} \boldsymbol{X}_d' \boldsymbol{X}_d, \quad \boldsymbol{s}_{xy} = \left\{ \begin{matrix} s_{1y} \\ \vdots \\ s_{py} \end{matrix} \right\}$$

通常称 $\boldsymbol{S}$ 为因子协方差阵，阵中元素由 p 个因子变量的协方差构成，其中第 k 个和第 l 个变量的协方差可以使用下面计算式：

$$s_{kl} = \frac{1}{n} \sum_{i=1}^{n} (x_{ki} - \hat{x}_k)(x_{li} - \bar{x}_l)$$

如果把变量变成标准化变量，即对 $b_0 = \hat{y} - b_1 \bar{x}_1 - b_2 \bar{x}_2 - \cdots - b_p \bar{x}_p$ 的距平变量多元线性回归方程，两边除以预报量 y 的标准差 s_y 就得到

$$\frac{\hat{y} - \bar{y}}{s_y} = b_1 \frac{x_1 - \bar{x}_1}{s_y} + b_1 \frac{x_2 - \bar{x}_2}{s_y} + \cdots + b_p \frac{x_p - \bar{x}_p}{s_y}$$

$$= b_1 \frac{s_1}{s_y} \frac{x_1 - \overline{x_1}}{s_1} + b_1 \frac{s_2}{s_y} \frac{x_2 - \overline{x_2}}{s_2} + \cdots + b_p \frac{s_p}{s_y} \frac{x_p - \overline{x_p}}{s_p}$$

式中,$s_0, s_1, \cdots, s_p$ 分别为 p 个因子的标准差。

令
$$\begin{cases} \hat{y}_z = \dfrac{\hat{y} - \overline{y}}{s_y} \\[2mm] x_{zk} = \dfrac{x_x - \overline{x_k}}{s_k} \quad (k = 1, 2, \cdots, p) \\[2mm] b_{zk} = b_k \dfrac{s_k}{s_y} \quad (k = 1, 2, \cdots, p) \end{cases}$$

则可转化为标准变量的多元线性回归方程:

$$\hat{y}_z = b_{z1} x_{z1} + b_{z2} x_{z2} + \cdots + b_{zp} x_{zp}$$

对一组样本容量为 n 的多变量数据,可类似写成标准化变量回归方程矩阵形式:

$$\hat{\boldsymbol{y}}_z = \boldsymbol{X}_z \boldsymbol{b}_z$$

式中,$\boldsymbol{X}_z$ 为由 p 个变量的标准化值构成,称为标准化因子阵;$\boldsymbol{b}_z$ 为回归系数向量,其中第 k 个分量为 b_{zk}。

相应可用最小二乘法导出求标准化回归系数向量的标准方程组的矩阵方程为

$$\boldsymbol{X}_z' \boldsymbol{X}_z \boldsymbol{b}_z = \boldsymbol{X}_z' \boldsymbol{y}_z$$

回归系数向量 $\boldsymbol{b}$ 和 $\boldsymbol{b}_z$ 可以通过线性方程组求解的方法求出。然后可以得到距平或标准化变量形式的回归方程,再求出原始变量形式的回归系数,从而得到原始变量形式的回归方程。

第五节　聚类分析

在大气变量场的数据分析中,需要对大气变量时空特征进行聚类分析,例如,天气形势的分型、气候区划等。常用的聚类分析方法有:因子分析、转动经验正交函数分解(在天气分型等方面都有广泛应用),此外还有对应分析。

另外一种聚类分析方法是,找出一些典型年份的变量场作为典型变量场,然后利用其余年份及典型年份的变量场与典型场的相似程度来划分不同类型,常用的方法有串组法。

一、因子分析的一般模型

在预报中需要寻找许多与预报量有关的因子（变量）来建立回归方程然后进行预报,用逐步回归的方法选择较好的因子是减少因子数目的一种方法。但是,一些有气象意义的因子也很可能被筛选掉。因此,能不能挑选一批有气象意义的因子综合成数目较少的新因子,再拿综合成的少数新因子做预报量的预报。这样一种由数量较多的因子变量综合成数目较少的新因子,而且这种新因子还具有相互正交性质的方法就是因子分析（Factor Analysis, FA）方法。

对 p 个气象变量进行因子分析的目的是研究它们有哪些共同因素,哪些是特殊因素,这些因素在变量分析中起什么作用。为研究方便,设这 p 个变量已进行标准化,记为 $x_1, x_2, \cdots, x_p$,或表为向量形式 $\boldsymbol{X} = (x_1, x_2, \cdots, x_p)'$。

上述的 p 个因子（变量）会有一些共同因素,这些共同因素称为公共因子,记为 $f_1, f_2, \cdots, f_m$（公共因子数目 m 通常要比原因子个数 p 要少）,也可记为向量形式 $\boldsymbol{f} = (f_1, f_2, \cdots, f_m)$。对每一个因子,除了可以有一些公共因素的部分外,还有一些自身特殊因素,称之为特殊因子,因而因子模型可表示为如下形式:

$$x_k = a_{k1} f_1 + a_{k2} f_2 + \cdots + a_{km} f_m + u_k$$

式中, $a_{k1}, a_{k2}, \cdots, a_{km}$ 称为 m 个公共因子的荷载; u_k 为第 k 个因子的特殊部分。$\boldsymbol{u}$ 称为特殊因子向量,记为 $\boldsymbol{u} = (u_1, u_2, \cdots, u_p)'$。

上式所表示的因子模型还可表示为向量形式

$$\boldsymbol{x} = \boldsymbol{A}\boldsymbol{f} + \boldsymbol{u}$$

式中,矩阵 $\boldsymbol{A}$ 为因子荷载阵,为

$$\boldsymbol{A} = \begin{Bmatrix} a_{11} & a_{12} & \cdots & a_{1m} \\ a_{21} & a_{22} & \cdots & a_{2m} \\ \vdots & \vdots & & \vdots \\ a_{p1} & a_{p2} & \cdots & a_{pm} \end{Bmatrix}$$

寻找确定因子荷载阵是因子分析的主要内容,为了解决这个问题,对模型还要做一些假定。

1. 公共因子与特殊因子是无关的,即它们之间的关系为

$$\frac{1}{n}\boldsymbol{f}\boldsymbol{u}' = \frac{1}{n}\boldsymbol{u}\boldsymbol{f}' = 0$$

其中 n 为样本容量。

2. 公共因子是标准化变量,不同公共因子之间是无关的,即公共因子之间的协方差阵为

$$\frac{1}{n}ff' = I$$

3. 各特殊因子之间是无关的,第 k 个特殊因子的方差为 c_{kk}^2,它们的协方差阵为 C

$$\frac{1}{n}uu' = C$$

在上述假定下,p 个变量之间的相关阵可表为

$$R = \frac{1}{n}xx' = \frac{1}{n}(Af+u)(Af+u)'$$

利用假定,上式可变为

$$R = AA' + C$$

上式矩阵 R 第 k 行第 k 列元素可写为

$$r_{kk} = \sum_{j=1}^{m} a_{kj}^2 + c_{kk}^2$$

该式表明,第 k 个变量的方差可表示为公共性部分的方差和特殊性部分的方差之和。记公共性部分的方差为

$$h_k^2 = \sum_{j=1}^{m} a_{kj}^2$$

h_k^2 称为第 k 个变量的公共性,它反映了第 k 个变量被公共因子所解释的那部分方差。

由于公共因子是标准化变量,可以构成为 2 维空间中坐标轴中的向量,在因子模型中,因子荷载 a_{kj} 可看成第 k 个变量在 m 个公共因子空间中第 j 个因子轴上的投影,变量数据可看成在该空间中的一个向量;h_k^2 可看成第 k 个变量在该空间中的向量长度的平方。第 k 个变量在第 l 个公共因子轴上的投影就是第 k 个变量与第 l 个公共因子之间的相关系数。因为

$$r_{kl} = \frac{1}{n}\sum_{i=1}^{n}(a_{k1}f_{1i} + a_{k2}f_{2i} + \cdots + a_{km}f_{mi} + u_{ki})f_{li}$$

据假定,容易得知

$$r_{kl} = a_{kl}$$

在上面推导中，r_{kl} 表示变量 x_k 与公共因子 f_l 之间的协方差，但由于它们都是标准化变量，所以它们之间的协方差就是它们之间的相关系数。

概括因子分析过程，对标准化变量场，其矩阵 $X(p \times n)$ 可以表示为

$$X = AF + U$$

式中，$A(p \times n)$ 为荷载矩阵；$F(m \times n)$ 为公共因子矩阵，它由 m 个公共因子组成；$U(p \times n)$ 为特殊因子矩阵。

二、主因子分析模型

(一)主因子及因子荷载

从变量标准化资料阵 X 出发，根据因子分析模型有

$$X = AF + U$$

对变量场中的 p 个格点变量，可以计算其相关阵 R，据对称阵分解定理有

$$R = V' \Lambda V$$

式中，Λ 为 R 阵的特征值组成的对角阵；V 为特征向量组成的矩阵。对 V 及 Λ 阵进一步分块表示为

$$V = (V_1 \quad V_2)$$

式中，V_1 为由对应较大的特征值的 m 个特征向量为列向量所组成，为 $p \times m$ 矩阵；V_2 由余下对应较小的特征值的 $p-m$ 个特征向量所组成，为 $p \times (p-m)$ 矩阵，类似的特征值的矩阵亦相应地有

$$\Lambda = \begin{bmatrix} \Lambda_1 & 0 \\ 0 & \Lambda_2 \end{bmatrix}$$

将上式分块矩阵带入相关阵 R 可得

$$R = (V_1 V_2) \begin{bmatrix} \Lambda_1 & 0 \\ 0 & \Lambda_2 \end{bmatrix} \begin{bmatrix} V_1' \\ V_2' \end{bmatrix} = (V_1 V_2) \begin{bmatrix} \Lambda_1^{1/2} & 0 \\ 0 & \Lambda_2^{1/2} \end{bmatrix} \begin{bmatrix} V_1' \\ V_2' \end{bmatrix}$$

$$= V_1 \Lambda_1^{1/2} \Lambda_1^{1/2} V_1' + V_2 \Lambda_2^{1/2} \Lambda_2^{1/2} V_2'$$

又因为

$$R = \frac{1}{n} XX' = \frac{1}{n}(AF+U)(AF+U)' = AA' + UU' = AA' + C$$

与上式比较，可知

$$A = V_1 \Lambda_1^{1/2}$$

$$C = V_2 \Lambda_2^{1/2} \Lambda_2^{1/2} V_2'$$

由此可见,因子荷载阵 A 可以通过对原变量相关阵的特征向量和特征值得到,即由 R 的前 m 个特征值与特征向量构成,余下的 R 阵的特征值及其特征向量构成特殊因子的方差阵。这一过程和从标准化变量出发做的主分量分析或从相关阵出发做的经验正交函数分析类似,故亦有称此分析为主分量分析的。按主分量分析方法,对标准化变量场 $X(p \times n)$,可以表示为

$$X = VY$$

式中,$V(p \times p)$ 为变量场相关阵的特征向量矩阵;$Y(p \times n)$ 为主分量矩阵。对特征向量和主分量矩阵分为两个分块矩阵,还可以表示为

$$X = (V_1 V_2)(Y_1 Y_2)' = V_1 Y_1 + V_2 Y_2$$

式中,$V_1(p \times m)$ 由变量场相关阵的前 m 个特征值对应的特征向量矩阵组成;$V_2[p \times (p-m)]$ 由余下 $p-m$ 个特征值对应的特征向量矩阵组成;$Y_1(m \times n)$ 为前 m 个特征值对应的主分量组成;$Y_2[(p-m) \times n]$ 为余下的 $p-m$ 个特征值对应的主分量组成。

令

$$A = V_1 \Lambda_1^{-1/2} , F = \Lambda_1^{-1/2} Y_1 , U = V_2 Y_2$$

式中,$\Lambda_1(m \times n)$ 为变量场相关阵的前 m 个特征值组成的对角阵。

如果对标准化变量场做主分量分析,也可以表示成因子分析的模型为

$$X = V_1 \Lambda_1^{1/2} \Lambda_1^{-1/2} Y_1 + V_2 Y_2 = AF + U$$

式中,F 就是由 m 个公共因子组成的矩阵。因为距标准化变量的第 k 个主分量可表示为

$$y_{zk} = v_k' x$$

式中,$x(p \times 1)$ 为变量场的变量向量。公共因子 f_k 与主分量的关系为

$$f_k = \frac{1}{\sqrt{\lambda_k}} y_{zk}$$

式中,λ_k 为 R 阵的第 k 个特征值(在前 m 个特征值中)。则 f_k 的方差为

$$\frac{1}{n} \sum_{i=1}^{m} (f_{ki} - \overline{f}_k)^2 = \frac{1}{\lambda_k} \frac{1}{n} \sum_{i=1}^{n} (y_{zk})^2 = \frac{1}{\lambda_k} \frac{1}{n} \sum_{i=1}^{n} (v_k' x_i)(v_k' x_i)'$$

$$= \frac{1}{\lambda_k} v'_k \lambda_k v_k = 1$$

容易得知,公共因子 f_k 具有平均值为 0、方差为 1 的标准化变量。由主分量性质亦可推知不同的公共因子之间是无关的。上述从标准化变量场出发得到的 m 个公共因子的分析方法,又称为主因子分析。

(二)主因子分析模型计算步骤

第一步,把变量场变成标准化变量场,然后计算 p 个变量(或网格点)的相关阵 R

$$X = \begin{Bmatrix} x_{z11} & x_{z12} & \cdots & x_{z1n} \\ x_{z21} & x_{z22} & \cdots & x_{z2n} \\ \vdots & \vdots & & \vdots \\ x_{zp1} & x_{zp2} & \cdots & x_{zpn} \end{Bmatrix}$$

$$R_{p \times p} = \frac{1}{n} X_z X'_z$$

第二步,求相关阵 R 的 p 个(矩阵的秩)特征值和特征向量

$$V'_z R V_z \Lambda_z$$

式中,V_z,Λ_z 分别为相关阵的 p 个特征向量和特征值组成的矩阵。

第三步,利用前 m 个特征值对应的特征向量矩阵组成 $V_1(p \times m)$ 矩阵,求前 m 个主分量。

$$Y = V'_1 X_z$$

第四步,取前 m 个特征值组成的矩阵 $\Lambda_1(m \times n)$,求 m 个主因子和载荷矩阵。

$$F_{m \times n} = \Lambda_1^{-1/2} Y_1 = \Lambda_1^{-1/2} V'_1 X_z$$

第五步,求 m 个主因子对应的载荷场(向量),即载荷矩阵表示为

$$A = V_1 \Lambda_1^{1/2}$$

第六节 时域分析

大气变量是随时间变化的,通过对它进行观测会形成一组有序的随时间变化的数据,这种数据称为时间序列。对变量取值的时间变化规律进行分析,称为"时

域"分析,又称为时间序列分析或时序分析。变量在时间上的变化特征,表现有持续性和波动性等特征。分析的方法有自回归模型、滑动平均模型和自回归滑动平均模型,还有可以诊断时间序列不规则波动周期的方差分析、均生函数模型、经验模态分解和去趋势涨落分析等。

一、自回归模型

自回归模型(Autoregressive,AR),是研究变量随时间变化过程中变量之间关系的方法。

(一)一阶自回归模型

把大气变量的时间序列 $x_i(i=1,2,\cdots,n)$,看成随机序列的一组观测数值。随机序列就是指一串随机变量 $X_1,X_2,\cdots$ 所构成的序列,用 $X_t(t=1,2,\cdots)$ 表示。对每个固定的整数 t,X 是一随机变量。

表示要素某一时刻与前一时刻之间的线性回归模型称为一阶自回归模型,记为 AR(1)。对随机序列 X_t 有

$$X_t=\varphi_1 X_{t-1}+a_t$$

式中,φ_1 为模型系数;a_t 为白噪声。为讨论方便,设 X_t 的数学期望为 0,方差为 σ_x^2。

满足上式的 X_t 也符合马尔可夫过程定义,又称为一阶马尔可夫过程。这一过程的自相关函数具有以下特点:落后 τ 时刻与落后 1 时刻的自相关函数关系为

$$\rho_\tau=\rho_1^{|\tau|}$$

对 AR(1),其中回归系数 ρ_1 为落后 1 时刻自相关系数。当它为正值时,表示时间序列具有红噪声过程,即有持续性;如果它等于 0,表示序列为白噪声过程;如果为负值,表示序列为紫噪声过程;如果它等于 1,表示序列为随机步行。

AR(1)还可写成另一形式,即

$$X_t-\varphi_1 X_{t-1}=a_t$$

$$(1-\varphi_1 B)X_t=a_t$$

式中,B 为后移算子,$BX_t=X_{t-1}$,$B_2 X_t=X_{t-2}$,则可知

$$X=(1-\varphi_1 B)^{-1}a_t$$

又因为

$$\frac{1}{1-\varphi_1 B}=1+\varphi_1 B+(\varphi_1 B)^2+(\varphi_1 B)^3+\cdots$$

则

$$X_t = (1 + \varphi_1 B + (\varphi_1 B)^2 + \cdots) a_t = \sum_{j=0}^{\infty} \varphi_1^j a_{t-j}$$

除了把气象要素现在时刻的变化看成前一时刻的影响以外,也可看成是前期无穷多时刻的白噪声影响。对于一阶自回归方程的求取,可以把变量数据资料看成预报量,把时间变量看成自变量,使用一元回归模型求取。

(二)二阶自回归模型

二阶自回归模型记为 AR(2),表达式如下:

$$X_t = \varphi_1 X_{t-1} + \varphi_2 X_{t-2} + a_t$$

对上式乘以 X_t 并取数学期望,且假定 $E(a_t X_t) = \sigma_a^2$,则得 X_t 的方差为

$$\sigma_x^2 (1 - \varphi_1 \rho_1 - \varphi_2 \rho_2) = \sigma_a^2$$

$$\rho_1 = \varphi_1 + \varphi_2 \rho_1$$

$$\rho_2 = \varphi_1 \rho_1 + \varphi_2 \rho_0$$

(三)p 阶自回归模型

p 阶自回归模型记为 AR(p),表达式如下:

$$X_t = \varphi_1 X_{t-1} + \varphi_2 X_{t-2} + a_t$$

用 $X_{t-1}(k=1,2,\cdots,p)$ 乘上式,再取数学期望并除以 σ_x^2 得

$$\begin{cases} \rho_1 = \varphi_1 + \varphi_2 \rho_1 + \cdots + \varphi_p \rho_{p-1} \\ \rho_2 = \varphi_1 \rho_1 + \varphi_2 + \cdots + \varphi_p \rho_{p-2} \\ \qquad\qquad\qquad \vdots \\ \rho_p = \varphi_1 \rho_{p-1} + \varphi_2 \rho_{p-2} + \cdots + \varphi_p \end{cases}$$

对 AR(p)两边乘 X_t,取数学期望再除以 σ_x^2 得

$$\sigma_x^2 \left(1 - \sum_{k=1}^{p} \varphi_k \rho_k \right) = \sigma_a^2$$

此外,p 阶自回归模型还可以写成

$$(1 - \varphi_1 B - \varphi_2 B^2 - \cdots - \varphi_p B^p) X_t = a_t$$

对上式左边 B 的 p 阶多项式进行因子分解,得到

$$\left[\prod_{k=1}^{p} (1 - \lambda_k B) \right] X_t = a_t$$

λ_k 为 B 的多项式的特征方程的根。因此,$\mathrm{AR}(p)$ 的稳定条件为

$$|\lambda_k|<1(k=1,2,\cdots,p)$$

二、滑动平均模型

滑动平均模型(Moving Average,MA),是研究变量随时间变化与噪声的关系的方法。

(一)一阶滑动平均模型

随机序列也可用前期多时刻白噪声的线性组合来描述,最简单的模型为一阶滑动平均模型,记为 $\mathrm{MA}(1)$,表示为

$$X_t=a_t-\theta_1 a_{t-1}$$

式中,θ_1 为模型系数,对上式两边乘以 X_t 则有

$$X_t X_t=(a_t-\theta_1 a_{t-1})(a_t-\theta_1 a_{t-1})$$

取得数学期望得

$$\rho_x^2=(1+\theta_1^2)\sigma_a^2$$

$\mathrm{MA}(1)$ 表达式两边乘以 X_{t-1},取数学期望再除以 σ_x^2 得到

$$\rho_1=-\frac{\theta_1\sigma_a^2}{\sigma_x^2}$$

可知 $\mathrm{MA}(1)$ 中自相关函数与系数的关系为

$$\rho_1=\frac{-\theta_1}{1+\theta_1^2}$$

$\mathrm{MA}(1)$ 也可以写为另一种形式,即

$$a_t=\frac{1}{1-\theta_1 B}X_t=\sum_{j=0}^{\infty}\theta_1^j B_j X_t=\sum_{j=0}^{\infty}\theta_1^j X_{t-j}$$

上式表明,白噪声也可以用前期无穷时刻的随机序列 X_t 来表示,与 $\mathrm{AR}(1)$ 讨论类似,要使 a_t 的方差有限,必须有条件 $|\theta_1|<1$。

(二)二阶滑动平均模型

二阶滑动平均模型记为 $\mathrm{MA}(2)$,表示为

$$X_t=a_t-\theta_1 a_{t-1}-\theta_2 a_{t-2}$$

对上式两边乘以 $X_{t-k}(k=0,1,2)$,再取数学期望有

$$
\begin{cases}
\sigma_x^2 = (1 + \theta_1^2 + \theta_2^2)\sigma_a^2 \\
\rho_2 \sigma_x^2 = (-\theta_1 + \theta_1\theta_2)\sigma_a^2 \\
\rho_2 \sigma_x^2 = -\theta_2 \sigma_a^2
\end{cases}
$$

可以得到 MA(2) 模型中自相关函数与模型系数的关系为

$$
\begin{cases}
\rho_1 = \dfrac{-\theta_1 + \theta_1\theta_2}{1 + \theta_1^2 + \theta_2^2} \\[2mm]
\rho_2 = \dfrac{-\theta_2}{1 + \theta_1^2 + \theta_2^2}
\end{cases}
$$

与 AR(2) 模型推导方法类似,可知 MA(2) 模型可逆条件为 $|v_k| < 1 (k=1,2)$。

(三) q 阶滑动平均模型

q 阶滑动平均模型记为 MA(q),表示为

$$
X_t = a_t - \theta_1 a_{t-1} - \theta_2 a_{t-2} - \cdots - \theta_q a_{t-q}
$$

对上式两边乘以 $X_{t-k}(k=0,1,\cdots,q-1)$,再取数学期望有

$$
\begin{cases}
\sigma_x^2 = (1 + \theta_1^2 + \cdots + \theta_q^2)\sigma_a^2 \\[2mm]
\rho_k = \dfrac{-\theta_k + \theta_1\theta_{k+1} + \cdots + \theta_{q-1}\theta_a}{1 + \theta_1^2 + \cdots + \theta_q^2}
\end{cases}
\quad (k=1,2,\cdots,q)
$$

MA(q) 模型可逆条件为 $|v_k| < 1 (k=1,2,\cdots,q)$。

第七节　气象信息融合实践

本节以 TensorFlow 作为工具进行气象数据融合实践。TensorFlow 是一个基于数据流编程的符号数学系统,其前身是谷歌的神经网络算法库 DistBelief,近年来被广泛应用于各类机器学习(machine learning)算法的编程实现。

一、TensorFlow 安装及环境配置

(一) 安装 Anaconda

Anaconda 就是可以便捷获取包且对包能够进行管理,同时对环境可以统一管理的发行版本。Anaconda 包含了 conda、Python 在内的超过 180 个科学包及其依赖项。

Anaconda 的安装包可在这里获得 https://mirrors.tuna.tsinghua.edu.cn/anaconda/archive/。网页界面如图 5 - 2 所示。

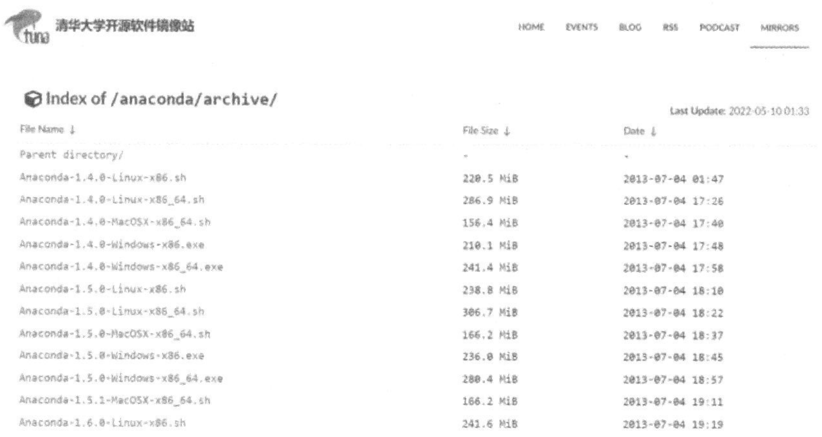

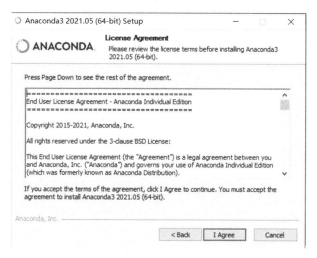

图 5 - 2　Anaconda 安装包网页界面

在网站下载界面中选择并下载与自己所用操作系统相适配的发行版。若用户使用的操作系统是 64 位的,则选择下载"64 - Bit Graphical Installer";否则,下载"32 - Bit Graphical Installer"。假设我们下载的是 64 位的 Anaconda 安装包,待下载完毕后,双击已下载的安装包"Anaconda3 - 2021. 05 - Windows - x86_64. exe",即可进入安装流程。对 Anaconda 的条款单击"I Agree"按钮,进入下一步(图5 - 3)。

图 5 - 3　Anaconda 的同意协议与条款

若用户安装 Anaconda 的目的仅是为自己服务,则选择"Just Me"选项。若用户想让 Anaconda 可以为当前计算机的所有用户服务,则选择"All Users"选项,这时操作系统会请求管理员权限。选择完毕后,单击"Next>"按钮,进入正式安装程序,如图 5 - 4 所示。

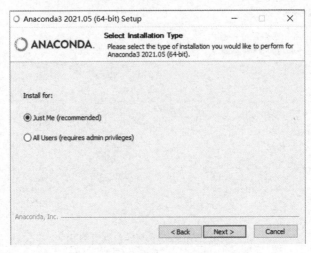

图 5-4　选择适用的用户范围

需要注意的是，若 Anaconda 的默认目录中（如 C:\Users\yhily \ Anaconda3）事先安装有 Anaconda 的早期版本，或者说，同名的 Anaconda 文件夹不为空，则无法进行安装。

这时解决的方法通常有两个：一是手动删除旧的安装目录，保障目前 Anaconda 安装路径的"纯洁性"；二是选择不同的安装目录。

此外，还需要注意的是，安装路径一定不能有空格或中文字符，因为 Anaconda 暂时不支持间断性（含有空格）的安装路径和 Unicode 编码。在解决 Anaconda 安装路径的问题后，即可进入安装高级选项界面，如图 5-5 所示。

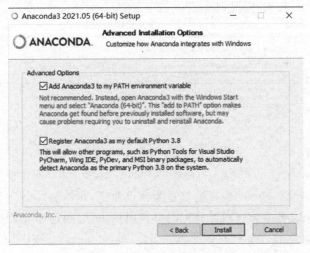

图 5-5　安装时的高级选项

在图中,第一个选项是将 Anaconda 的路径设置到系统的 PATH 环境变量中,这很重要,这个设置会给用户提供很多方便,如用户可以在任意命令行路径下启动 Python 或使用 conda 命令。第二个选项,选择 Anaconda 作为默认的 Python 编译器。这个选项会令诸如 PyCharm、Wing 等 IDE 开发环境自动检测 Anaconda 的存在。

然后单击"Install(安装)"按钮,正式进入安装流程。再不断单击"Next>"(下一步)按钮,即可进入如图 5-6 所示的安装成功界面。

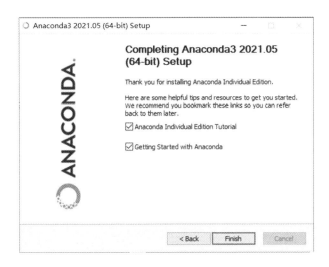

图 5-6　成功安装 Anaconda

Anaconda 的官方渠道,对国内用户来说下载较慢,建议使用清华的软件源。

在 cmd 终端,分别输入如下三行命令:

```
conda config - - add channelshttps://mirrors. tuna. tsinghua. edu. cn/anaconda/pkgs/free/
conda config - - add channelshttps://mirrors. tuna. tsinghua. edu. cn/anaconda/pkgs/main/
conda config - - set show_channel_urls yes
```

通过以下命令建立 python 的 conda 虚拟环境的名字,例如 python 的版本为 3.9,虚拟环境名称为 py39,则在命令行输入以下命令:

```
conda create - - name py39 python = 3. 9
```

激活"py39"的 conda 虚拟环境在命令行输入以下命令:

```
conda activatepy39
```

（二）安装 CUDN

1. 查看 GPU 是否支持 CUDN

打开 https://developer. nvidia. com/cuda‑gpus 网址，在 CUDA‑Enabled GeForce Products 中查看你电脑的显卡型号是否在里面，如图 5‑7 所示。

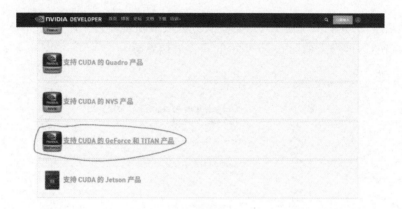

图 5‑7   支持显卡型号查询

2. 下载 CUDA

CUDA 的下载网址为：https://developer. nvidia. cn/cuda‑toolkit‑archive。打开网址，点击 Windows，选择你的电脑的系统版本，以及安装包形式，下载安装包。

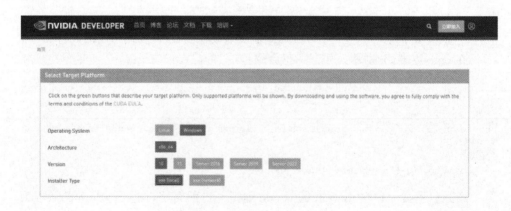

图 5‑8   CUDA 下载界面

首先安装 CUDA，默认安装路径，直接下一步即可。然后在此电脑—右键—属性—高级系统设置—环境变量—系统变量栏选择 Path—编辑—新建路径"C:/Program Files\NVIDIA GPU Computing Toolkit\CUDA\v11. 6\extras\lib64"。

（三）安装 cuDNN

cuDNN 的下载网址为：https://developer. nvidia. cn/rdp/cudnn – archive。根据安装的 CUDA 版本下载对应的 cuDNN 版本，以及对应的 tensoflow – gpu 版本、python 版本。详细信息可查看以下网址 https://tensorflow. google. cn/install/source_windows，如图 5 – 9 所示。

GPU 🔗

版本	Python 版本	编译器	构建工具	cuDNN	CUDA
tensorflow_gpu-2.6.0	3.6-3.9	MSVC 2019	Bazel 3.7.2	8.1	11.2
tensorflow_gpu-2.5.0	3.6-3.9	MSVC 2019	Bazel 3.7.2	8.1	11.2
tensorflow_gpu-2.4.0	3.6-3.8	MSVC 2019	Bazel 3.1.0	8.0	11.0
tensorflow_gpu-2.3.0	3.5-3.8	MSVC 2019	Bazel 3.1.0	7.6	10.1
tensorflow_gpu-2.2.0	3.5-3.8	MSVC 2019	Bazel 2.0.0	7.6	10.1
tensorflow_gpu-2.1.0	3.5-3.7	MSVC 2019	Bazel 0.27.1-0.29.1	7.6	10.1
tensorflow_gpu-2.0.0	3.5-3.7	MSVC 2017	Bazel 0.26.1	7.4	10
tensorflow_gpu-1.15.0	3.5-3.7	MSVC 2017	Bazel 0.26.1	7.4	10
tensorflow_gpu-1.14.0	3.5-3.7	MSVC 2017	Bazel 0.24.1-0.25.2	7.4	10
tensorflow_gpu-1.13.0	3.5-3.7	MSVC 2015 update 3	Bazel 0.19.0-0.21.0	7.4	10
tensorflow_gpu-1.12.0	3.5-3.6	MSVC 2015 update 3	Bazel 0.15.0	7.2	9.0
tensorflow_gpu-1.11.0	3.5-3.6	MSVC 2015 update 3	Bazel 0.15.0	7	9
tensorflow_gpu-1.10.0	3.5-3.6	MSVC 2015 update 3	Cmake v3.6.3	7	9
tensorflow_gpu-1.9.0	3.5-3.6	MSVC 2015 update 3	Cmake v3.6.3	7	9

图 5 – 9　cuDNN 下载界面

下载对应版本的 cudnn – 11. 2 – windows – x64 – v8. 1. 1. 33. zip 文件，将压缩包解压缩到本地硬盘，然后选中全部（include、lib、bin）文件夹，并复制到 C:\Program Files\NVIDIA GPU Computing Toolkit\CUDA\v11.1 目录下，合并 include、lib、bin 对应文件夹文件。

（四）安装 tensorflow 需要的软件包

打开命令终端，输入以下命令安装 tensorflow 需要的软件包。

```
conda create – n tensorflow – gpu python = = 3. 9
conda activate tensorflow – gpu
```

在国内环境下，推荐使用国内的 pypi 镜像和 Anaconda 镜像，将显著提升 pip 和 conda 的下载速度。清华大学的 pypi 镜像：https://mirrors. tuna. tsinghua. edu. cn/help/pypi/；清华大学的 Anaconda 镜像：https://mirrors. tuna. tsinghua. edu. cn/help/anaconda/。

pip 是最为广泛使用的 Python 包管理器，可以帮助我们获得最新的 Python 包并进行管理。常用命令如下：

```
    pip install [package-name]                      #安装名为[package-name]的包
    pip install [package-name] = = X.X              #安装名为[package-name]的包并指定版
本 X.X
    pip install [package-name] - -proxy = 代理服务器 IP:端口号    #使用代理服务器
安装
    pip install [package-name] - -upgrade           #更新名为[package-name]的包
    pip uninstall [package-name]                     #删除名为[package-name]的包
    pip list                                         #列出当前环境下已安装的所有包
```

利用 pip 从清华大学镜像网址中下载安装 numpy、matplotlib、Pillow、scikit-learn 和 pandas 包的命令如下：

```
pip install numpy matplotlib Pillow scikit-learn pandas -i https://pypi.tuna.tsinghua.edu.cn/simple
```

(五)GPU 版本 TensorFlow 安装

打开命令终端，输入以下命令完成 tensorflow 安装。

```
pip install tensorflow-gpu = = 2.6.0 -i https://pypi.tuna.tsinghua.edu.cn/simple
```

通过以下代码测试 TensorFlow 是否配置成功：

```
import tensorflow
if tensorflow.test.is_gpu_available():
print('true')
```

如果运行后，界面显示'true'，表示安装成功，否则表示安装不成功，需要排查安装过程中的问题。

二、数据恢复与插补实践

插值是离散函数逼近的重要方法，利用它可通过函数在有限个点处的取值状况，估算出函数在其他点处的近似值。与拟合不同的是，要求曲线通过所有的已知数据。SciPy 的 interpolate 模块提供了许多对数据进行插值运算的函数，范围涵盖简单的一维插值到复杂多维插值求解。当样本数据存在缺漏时，并且变化归因于一个独立的变量时，就使用一维插补。

一维气象数据的插值运算可以使用 interp1d() 函数。基本调用方法如下：

```
scipy.interpolate.interp1d(x,y,kind='linear',axis= -1,copy=True,bounds_error=
None,fill_value=nan,assume_sorted=False)
```

其中，x 和 y 是用于近似某些函数的数组，此类返回一个函数，该函数的调用方法使用插值法查找新点的值；kind 设置插值类型，例如线性、三次样条等；axis 指定要沿其进行插值的 y 轴；copy 表示是否制作 x,y 的内部副本；bounds_error 如果为 True，则任何时候尝试对 x 范围之外的值进行插值都会引发 ValueError（需要进行插值），如果为 False，则分配超出范围的值 fill_value；fill_value 用于填充数据范围之外的请求点；assume_sorted 设置排序方法，如果为 False，则 x 的值可以按任何顺序排列，并且将首先对其进行排序，如果为 True，则 x 必须是单调递增值的数组。

　　具体代码示例如下：

```
import numpy as np
from scipy import interpolate
import pylab as pl
x = np. linspace(0,10,11)
y = np. sin(x)
xnew = np. linspace(0,10,101)
pl. plot(x,y,'ro')
list1 = ['linear','nearest']
list2 = [0,1,2,3]
for kind in list1：
    print(kind)
    f = interpolate. interp1d(x,y,kind = kind)
    #f 是一个函数，用这个函数就可以找插值点的函数值了：
    ynew = f(xnew)
    pl. plot(xnew,ynew,label = kind)
pl. legend(loc ='lower right')
pl. show()
```

三、空间插值实践

(一)反距离加权插值

1. 计算距离

通过 haversine 公式，通过两点经纬度坐标计算两点距离，具体代码如下。

```
def haversine(lon1,lat1,lon2,lat2)：
    R =   6372. 8
    dLon = radians(lon2 － lon1)
    dLat = radians(lat2 － lat1)
    lat1 = radians(lat1)
    lat2 = radians(lat2)
    a = sin(dLat/2) ＊ ＊ 2 + cos(lat1) ＊ cos(lat2) ＊ sin(dLon/2) ＊ ＊ 2
```

```
c = 2 * asin(sqrt(a))
d = R * c
return d
```

2. 反距离加权计算

通过循环,对各个站点进行反距离加权计算,具体代码如下。

```
def IDW(x,y,z,xi,yi):
    lstxyzi = []
    for p in range(len(xi)):
        lstdist = []
        for s in range(len(x)):
            d = (haversine(x[s],y[s],xi[p],yi[p]))
        lstdist. append(d)
        sumsup = list((1/np. power(lstdist,2)))
        suminf = np. sum(sumsup)
        sumsup = np. sum(np. array(sumsup) * np. array(z))
        u = sumsup/suminf
        xyzi = [xi[p],yi[p],u]
        lstxyzi. append(xyzi)
    return(lstxyzi)
```

带入辽宁省 2020 年 11 月 14 日各站点的气温数据,通过反距离加权可以插值得到站点以外点位的气温值,如图 5 - 10 所示。

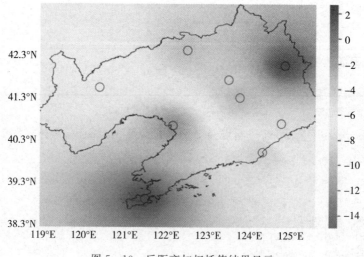

图 5 - 10　反距离加权插值结果显示

(二)线性和样条插值

二维气象数据进行线性和样条等空间插值,可以使用 scipy. interpolate. griddata()函数,基本调用方法如下:

scipy. interpolate. griddata(points, values, xi, method = ' linear ', fill_value = nan, rescale = False)

其中,points 为一维数组,是需要插值的变量数据,如果需要插值的变量 var 是一个多维数组,则需要转换成一维的;values 设置点的坐标,shape 为 (n, D),第一维需要与 values 长度相同,D 就是 values 的坐标轴个数,如果是在地图上,D 为 2,分别是 lon、lat,是 values 中对应的每个数据的 lat 和 lon;x_i 为插值过后的新的坐标;method 设置插值方法,有 ' linear ',' nearest ',' cubic '等选择,nearest 为返回最接近插值点的数据点的值,linear 为线性插值,cubic 为三次样条插值;fill_value 用于填充输入点凸包之外的请求点的值,如果未提供,则默认值为 nan,此选项对 'nearest' 方法无效;rescale 用于在执行插值之前将点重新缩放到单位立方体。

具体代码示例如下:

```
file = xr. open_dataset(r'. \hgt_2012. nc')
hgt = file. z ♯ 二维数组(lat, lon)
var = hgt. values
lons = file['longitude']. values
lats = file['latitude']. values
lat_new, lon_new = np. mgrid[- 90. 0:90. 25:0. 25, 0. 0:359. 25:0. 25]
nlat = lat_new. shape[0]
nlon = lat_new. shape[1]
lons = np. tile(lons, 241)
lats = np. repeat(lats, 480)
points = np. stack([lons, lats], axis = - 1)
lon_new = lon_new. ravel()
lat_new = lat_new. ravel()
xi = np. stack([lon_new, lat_new], axis = - 1)
var = var. ravel()
varnew = griddata(points, var, xi, method = 'linear', fill_value = 0, rescale = True)
varnew = varnew. reshape((nlat, nlon))
varnew = varnew[::- 1, :]
```

(三)克里金插值

PyKrige 包可以方便地进行克里金插值计算,并提供多种插值方法,包括可估计平均值的 2D 普通克里金法 OrdinaryKriging,可提供漂移项的 2D 通用克里金法

UniversalKriging，3D 普通克里金法 OrdinaryKriging3D，3D 通用克里金法 UniversalKriging3D，回归克里金法 RegressionKriging，简单指标克里金法 ClassificationKriging。

以 OrdinaryKriging 函数为例，基本调用方法如下：

```
OrdinaryKriging(lons,lats,data,variogram_model = 'gaussian')
```

其中，lons 和 lats 为经度纬度网格集合；data 为要插值的数据；variogram_model 设置变异函数模型。

具体代码如下：

```
import pandas as pd
from pykrige. ok import OrdinaryKriging
import plotnine
from plotnine import *
import geopandas as gpd
import shapefile
import matplotlib. pyplot as plt
import cartopy. crs as ccrs
import cartopy. io. shapereader as shpreader
import cmaps
from matplotlib. path import Path
from matplotlib. patches import PathPatch
df = pd. read_excel('/meiyu_sh_2020. xlsx')
#读取站点经度
lons = df[' lon ']
#读取站点纬度
lats = df[' lat ']
#读取梅雨量数据
data = df[' meiyu ']
#生成经纬度网格点
grid_lon = np. linspace(120. 8,122. 1,1300)grid_lat = np. linspace(30. 6,31. 9,1300)
OK = OrdinaryKriging(lons,lats,data,variogram_model = 'gaussian',nlags = 6)
z1,ss1 = OK. execute('grid',grid_lon,grid_lat)
z1. shape
#转换成网格
xgrid,ygrid = np. meshgrid(grid_lon,grid_lat)
#将插值网格数据整理
df_grid = pd. DataFrame(dict(long = xgrid. flatten(),lat = ygrid. flatten()))
```

```
# 添加插值结果
df_grid["Krig_gaussian"] = z1.flatten()
```

四、回归分析实践

(一)计算损失函数

计算损失函数可以使用 numpy 和 tensorflow。下面代码是利用 tensorflow 计算损失函数的示例。

```
def compute_error_for_line_given_points(b,w,points):
    totalError = 0
    for i in range(0,len(points)):
        x = points[i,0]
        y = points[i,1]
        loss = tf.reduce_mean(tf.square(y - (w * x + b))
    return loss
```

(二)求偏导

利用 numpy 求取偏导,具体代码如下:

```
def step_gradient(b_current,w_current,points,learningRate):
    b_gradient = 0
    w_gradient = 0
    N = float(len(points))
    for i in range(0,len(points)):
        x = points[i,0]
        y = points[i,1]
        # grad_b = 2(wx + b - y)
        b_gradient + = (2/N) * ((w_current * x + b_current) - y)
        # grad_w = 2(wx + b - y) * x
        w_gradient + = (2/N) * x * ((w_current * x + b_current) - y)
    # update w'
    new_b = b_current - (learningRate * b_gradient)
    new_w = w_current - (learningRate * w_gradient)
    return [new_b,new_w]
```

(三)迭代计算

根据设定的迭代次数,调用 step_gradient() 函数求取偏导,具体代码如下:

```
def gradient_descent_runner(points,starting_b,starting_w,learning_rate,num_iterations):
```

```
b = starting_b
w = starting_w
for i in range(num_iterations):
    b,w = step_gradient(b,w,np. array(points),learning_rate)
return [b,w]
```

线性回归分析结果如图 5 - 11 所示。

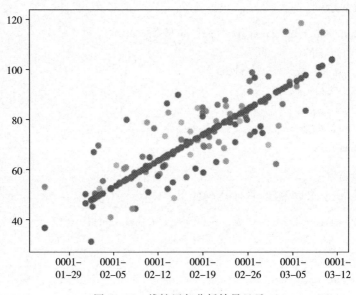

图 5 - 11　线性回归分析结果显示

五、时域分析实践

(一)自回归分析

tensorflow 中提供 tf. contrib. timeseries. ARRegressor( )函数实现时域的自回归分析,基本调用格式如下:

```
tf. contrib. timeseries. ARRegressor(    periodicities = 200, input_window_size = 30,
output_window_size = 10, num_features = 1, loss = tf. contrib. timeseries. ARModel. NORMAL_
LIKELIHOOD_LOSS)
```

其中,periodicities 是序列的规律性周期;input_window_size 是模型每次输入的值;output_window_size 是模型每次输出的值;num_features 是在一个时间点上观察到的数的维度,如果每一步都是一个单独的值,num_features = 1;loss 指定采取哪一种损失,NORMAL_LIKELIHOOD_LOSS 或 SQUARED_LOSS;model_dir 是模型训练好后保存的地址,如果不指定的话,会随机分配一个临时地址。input_ window_size 和 output_window_size 加起来必须等于 train_input_fn 中总的 window_size。

　　根据输入的原始数据,经过 1000 步之后又向后预测了 250 个时间点。对应的值保存在 predictions['mean']中。具体代码如下:

```python
from __future__ import print_function
import numpy as np
import matplotlib
matplotlib.use('agg')
import matplotlib.pyplot as plt
import tensorflow as tf
from tensorflow.contrib.timeseries.python.timeseries import NumpyReader
def main(_):
    x = np.array(range(1000))
    noise = np.random.uniform(-0.2,0.2,1000)
    y = np.sin(np.pi * x/100) + x /200. + noise
    plt.plot(x,y)
    plt.savefig('timeseries_y.jpg')
    data = {
        tf.contrib.timeseries.TrainEvalFeatures.TIMES:x,
        tf.contrib.timeseries.TrainEvalFeatures.VALUES:y,
    }
    reader = NumpyReader(data)
    train_input_fn = tf.contrib.timeseries.RandomWindowInputFn(
        reader,batch_size = 16,window_size = 40)

    ar = tf.contrib.timeseries.ARRegressor(
        periodicities = 200,input_window_size = 30,output_window_size = 10,
        num_features = 1,
        loss = tf.contrib.timeseries.ARModel.NORMAL_LIKELIHOOD_LOSS)
    ar.train(input_fn = train_input_fn,steps = 6000)
    evaluation_input_fn = tf.contrib.timeseries.WholeDatasetInputFn(reader)
    # keysof evaluation:['covariance','loss','mean','observed','start_tuple',
'times','global_step']
    evaluation = ar.evaluate(input_fn = evaluation_input_fn,steps = 1)
    (predictions,) = tuple(ar.predict(
        input_fn = tf.contrib.timeseries.predict_continuation_input_fn(
            evaluation,steps = 250)))
```

```
        plt. figure(figsize = (15,5))
        plt. plot(data['times'].reshape( - 1),data['values'].reshape( - 1),label =
'origin')
        plt. plot(evaluation['times'].reshape( - 1),evaluation['mean'].reshape( - 1),
label = 'evaluation')
        plt. plot(predictions['times'].reshape( - 1),predictions['mean'].reshape( - 1),
label = 'prediction')
        plt. xlabel('time_step')
        plt. ylabel('values')
        plt. legend(loc = 4)
        plt. savefig('predict_result. jpg')
    if__name__ = ='__main__':
    tf. logging. set_verbosity(tf. logging. INFO)
        tf. app. run()
```

代码通过 plt. plot()函数把观测到的值、模型拟合的值、预测值画出来,如图 5 - 12所示。

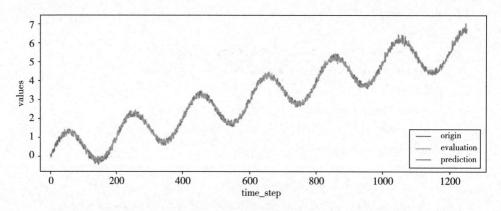

图 5 - 12 自回归分析结果显示

(二)滑动平均

tensorflow 中提供了 tf. train. ExponentialMovingAverage 来实现滑动平均模型,它使用指数衰减来计算变量的移动平均值,其基本调用格式如下:

tf. train. ExponentialMovingAverage. init(self,decay,num_updates = None,zero_debias = False,name = "ExponentialMovingAverage")

其中,decay 是衰减率在创建 ExponentialMovingAverage 对象时,需指定衰减率(decay),用于控制模型的更新速度,影子变量的初始值与训练变量的初始值相同;num_updates 是 ExponentialMovingAverage 提供用来动态设置 decay 的参数。具体代码如下：

```
import tensorflow as tf
v1 = tf. Variable(0,dtype = tf. float32)                        #定义一个变量,初始值为 0
step = tf. Variable(0,trainable = False)                       # step 为迭代轮数变量,控制衰减率
ema = tf. train. ExponentialMovingAverage(0. 99,step)     #初始设定衰减率为 0. 99
maintain_averages_op = ema. apply([v1])                    #更新列表中的变量
with tf. Session()as sess:
    init_op = tf. global_variables_initializer()              #初始化所有变量
sess. run(init_op)
print(sess. run([v1,ema. average(v1)]))                  # 输出初始化后变量 v1 的值和
v1 的滑动平均值
sess. run(tf. assign(v1,5))                               #更新 v1 的值
sess. run(maintain_averages_op)                          #更新 v1 的滑动平均值
print(sess. run([v1,ema. average(v1)]))
sess. run(tf. assign(step,10000))                        # 更新迭代轮转数 step
sess. run(tf. assign(v1,10))
sess. run(maintain_averages_op)
print(sess. run([v1,ema. average(v1)]))                  #再次更新滑动平均值
sess. run(maintain_averages_op)
print(sess. run([v1,ema. average(v1)]))                  #更新 v1 的值为 15
sess. run(tf. assign(v1,15))
sess. run(maintain_averages_op)
print(sess. run([v1,ema. average(v1)]))
```

滑动平均得到的结果为：

[0. 0,0. 0]

[5. 0,4. 5]

[10. 0,4. 555]

[10. 0,4. 60945]

[15. 0,4. 713355]

参 考 文 献

[1] 汤晓云,韩子鹏,邵大燮. 外弹道气象学[M].. 北京:兵器工业出版社,1990.

[2] 曲延禄. 外弹道气象学概论[M]. 北京:气象出版社,1987.

[3] 黄嘉佑,李庆祥. 气象数据统计分析方法[M]. 北京:气象出版社,2015.

[4] 唐晓文,朱坚,黄丹青,等. Python 语言基础与气象应用[M]. 北京:气象出版社,2020.

[5] Rodolfo Bennin. TensorFlow 机器学习项目实战[M]. 北京:人民邮电出版社,2019.

[6] 姚振东,佘勇,王增福,等. 高空气象探测原理与方法[M]. 北京:科学出版社,2019.

[7] 王亚强. MeteoInfo 气象 GIS、科学计算与可视化平台[M]. 北京:气象出版社,2021.

[8] 埃里克·马瑟斯. Python 编程:从入门到实践[M]. 袁国忠,译. 2 版. 北京:人民邮电出版社,2020.